Kompetenztest Physik 1

Joachim Boldt
Wieland Müller

Ernst Klett Verlag
Stuttgart • Leipzig

1. Auflage 1 5 4 3 2 1 | 12 11 10 09 08

Alle Drucke dieser Auflage sind unverändert und können im Unterricht nebeneinander verwendet werden.
Die letzte Zahl bezeichnet das Jahr des Druckes.

Autoren: Joachim Boldt, Prof. Dr. Wieland Müller
Beraterin: Ursula Gutjahr

Redaktion: Mathias Kraft, Ute Nicklaß
Herstellung: Corinna Härtel

Gestaltung: Andrea Lang
Umschlaggestaltung: Corinna Härtel unter Verwendung eines Fotos von Thomas Weccard
Illustrationen: Matthias Balonier, Lützelbach; Joachim Hormann, Stuttgart; Jeanne Kloepfer, Lindenfeld; Jörg Mair, München; Karin Mall, Berlin; Alfred Marzell, Schwäbisch Gmünd; Tom Menzel, Rohlsdorf; Otto Nehren, Achern; Gerhart Römer, Ihringen
Druck: Ludwig Auer GmbH, Donauwörth

Printed in Germany
ISBN 978-3-12-114868-4

9 783121 148684

Inhalt

Liebe Schülerin, lieber Schüler,

bald wird es eine Klassenarbeit geben, mit der dein Wissen und deine Fertigkeiten in Hinblick auf die behandelten Themen erfasst werden.

Der **Kompetenztest Physik** möchte dich darin unterstützen, das Erlernte der vergangenen Schuljahre noch einmal zu wiederholen. Die Beschäftigung mit den Aufgaben soll dir zeigen, ob du den gelernten Stoff schon sicher beherrschst oder ob es noch ein paar Lücken und Probleme gibt. Das gibt dir und deiner Lehrerin oder deinem Lehrer die Möglichkeit, etwaige Unklarheiten zu beseitigen und Lücken zu schließen.

Zum Aufbau

Im Übungsheft findest du in fünf Kapiteln **Aufgaben** zu den Themenbereichen Akustik, Optik, Energie, Mechanik und Elektrizitätslehre. In der Heftmitte werden anhand von Beispielen die vier Basiskonzepte „Materie", „Wechselwirkung", „System" sowie „Energie" beschrieben.
Die nachstehende Abbildung zeigt den Seitenaufbau einer solchen Basiskonzeptseite.

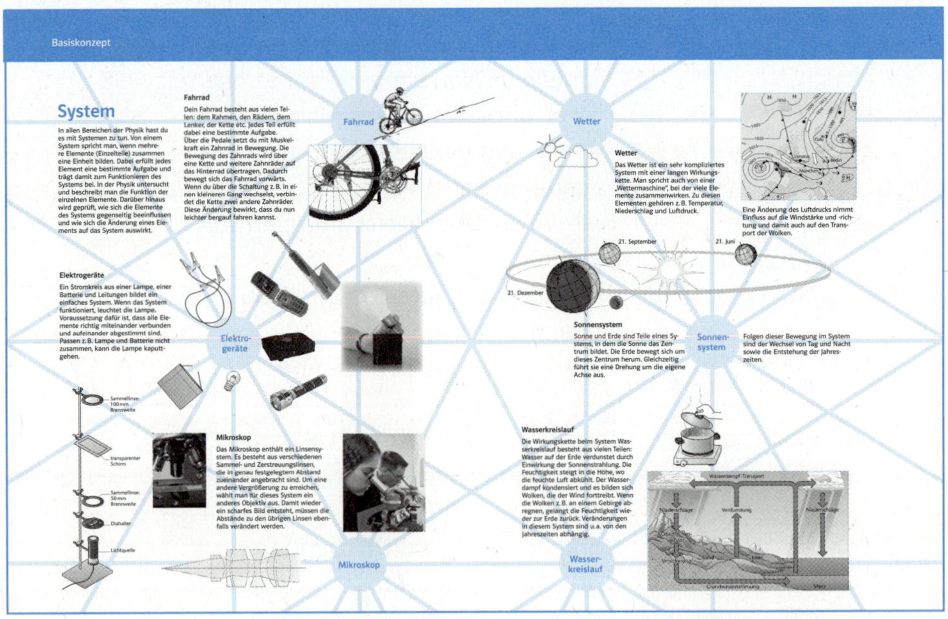

Basiskonzept

System

In allen Bereichen der Physik hast du es mit Systemen zu tun. Von einem System spricht man, wenn mehrere Elemente (Einzelteile) zusammen eine Einheit bilden. Dabei erfüllt jedes Element eine bestimmte Aufgabe und trägt damit zum Funktionieren des Systems bei. In der Physik untersucht und beschreibt man die Funktion der einzelnen Elemente. Darüber hinaus wird geprüft, wie sich die Elemente des Systems gegenseitig beeinflussen und wie sich die Änderung eines Elements auf das System auswirkt.

Fahrrad

Dein Fahrrad besteht aus vielen Teilen: dem Rahmen, den Rädern, dem Lenker, der Kette etc. Jedes Teil erfüllt dabei eine bestimmte Aufgabe. Über die Pedale setzt du mit Muskelkraft ein Zahnrad in Bewegung. Die Bewegung des Zahnrads wird über eine Kette und weitere Zahnräder auf das Hinterrad übertragen. Dadurch bewegt sich das Fahrrad vorwärts. Wenn du über die Schaltung z. B. in einen kleineren Gang wechselst, verbindet die Kette zwei andere Zahnräder. Diese Änderung bewirkt, dass du nun leichter bergauf fahren kannst.

Wetter

Das Wetter ist ein sehr kompliziertes System mit einer langen Wirkungskette. Man spricht auch von einer „Wettermaschine", bei der viele Elemente zusammenwirken. Zu diesen Elementen gehören z. B. Temperatur, Niederschlag und Luftdruck.

Eine Änderung des Luftdrucks nimmt Einfluss auf die Windstärke und -richtung und damit auch auf den Transport der Wolken.

Elektrogeräte

Ein Stromkreis aus einer Lampe, einer Batterie und Leitungen bildet ein einfaches System. Wenn das System funktioniert, leuchtet die Lampe. Voraussetzung dafür ist, dass alle Elemente richtig miteinander verbunden und aufeinander abgestimmt sind. Passen z. B. Lampe und Batterie nicht zusammen, kann die Lampe kaputtgehen.

Sonnensystem

Sonne und Erde sind Teile eines Systems, in dem die Sonne das Zentrum bildet. Die Erde bewegt sich um dieses Zentrum herum. Gleichzeitig führt sie eine Drehung um die eigene Achse aus.

Folgen dieser Bewegung im System sind der Wechsel von Tag und Nacht sowie die Entstehung der Jahreszeiten.

Mikroskop

Das Mikroskop enthält ein Linsensystem. Es besteht aus verschiedenen Sammel- und Zerstreuungslinsen, die in genau festgelegtem Abstand zueinander angebracht sind. Um eine andere Vergrößerung zu erreichen, wählt man für dieses System ein anderes Objektiv aus. Damit wieder ein scharfes Bild entsteht, müssen die Abstände zu den übrigen Linsen ebenfalls verändert werden.

Wasserkreislauf

Die Wirkungskette beim System Wasserkreislauf besteht aus vielen Teilen: Wasser auf der Erde verdunstet durch Einwirkung der Sonnenstrahlung. Die Feuchtigkeit steigt in die Höhe, wo die feuchte Luft abkühlt. Der Wasserdampf kondensiert und es bilden sich Wolken, die der Wind forttreibt. Wenn die Wolken z. B. an einem Gebirge abregnen, gelangt die Feuchtigkeit wieder zur Erde zurück. Veränderungen in diesem System sind u. a. von den Jahreszeiten abhängig.

Ein Basiskonzept enthält neben der Überschrift einen Einleitungstext und sechs „Knoten".
Die Basiskonzepte beschäftigen sich mit physikalischen Prinzipien. **Physikalische Prinzipien** beschreiben interdisziplinäre Gemeinsamkeiten, immer wiederkehrende Erscheinungen und Vorgänge in Systemen, die auf den ersten Blick wenig miteinander zu tun haben. Sie sind also Hilfen zur Orientierung angesichts der Vielfalt der physikalischen Phänomene und der physikalischen Vorgänge. Im **Einleitungstext** jedes Basiskonzeptes ist das Prinzip beschrieben, ohne dass dabei auf ein bestimmtes Beispiel eingegangen wird. Die Beispiele findest du an den **„Knoten"** der Basiskonzepte, die teils Bekanntes, aber auch Neues aufgreifen.

Auf der letzten Seite des Heftes findest du die Lösungen zu allen Aufgaben in einem Lösungsheft zusammengefasst.

Wie du dich auf die zentralen Prüfungen und Vergleichsarbeiten vorbereiten kannst!

In der Vergleichsarbeit und in Prüfungen wird erwartet, dass du den Lernstoff und die Methoden der vergangenen Schuljahre beherrschst. Wenn du dich noch nicht sicher fühlst, arbeite zuerst mithilfe deines Schulbuchs die entsprechenden Kapitel durch. Dort findest du auch hilfreiche Überblickseiten, die den Lernstoff kurz zusammenfassen, sowie Übungsaufgaben mit Kontrollmöglichkeiten.

Möglicherweise hast du noch gar nicht alle Themen im Unterricht gehabt, die in diesem Heft behandelt werden. Am besten fragst du deswegen deinen Lehrer oder deine Lehrerin, bevor du mit den Aufgaben anfängst. Dann kannst du dich auf die Teile konzentrieren, die du für die Prüfungen tatsächlich brauchst.
Auf manchen Aufgabenseiten findest du Platzhalter oder Tabellen, in die du deine Lösungen eintragen kannst. Wenn der Platz für deine Antworten und Zeichnungen nicht ausreicht, kannst du dein eigenes Heft benutzen.

Die Vergleichsarbeiten werden am Ende des Schuljahres geschrieben. Zu diesem Zeitpunkt hast du im Unterricht die verbindlichen Inhalte des Lehrplans kennen gelernt. Dein Training mit den prüfungsähnlichen Aufgaben kann daher etwa in den Pfingstferien beginnen.

Arbeite konsequent deine Unklarheiten auf! Denke die Lösungsvorschläge gründlich durch. Ziehe bei Schwierigkeiten dein Schulbuch heran. Besprich Fehler mit einer Freundin oder einem Freund. Zusammen klären sich manche Fragen leichter und schneller! Du darfst sicher auch deine Lehrerin oder deinen Lehrer fragen. Je genauer du dir selbst im Klaren darüber bist, wo deine Probleme sind, desto zielgerichteter kann man dir helfen.

Ein Tipp zum Schluss: Es macht wesentlich mehr Spaß, wenn man gemeinsam lernt! Vielleicht kannst du mit Freundinnen oder Freunden die Übungsaufgaben zur gleichen Zeit bearbeiten. Dann könnt ihr gegenseitig zur Korrektur eure Übungshefte austauschen und anschließend gründlich eventuelle Fehler in der Gruppe besprechen.

Wir wünschen dir viel Spaß beim Üben und Lösen der Aufgaben und vor allem viel Erfolg für die anstehenden Prüfungen!

Dein Redaktionsteam

Tipps für erfolgreiches Lernen

Manchmal ist es so, dass Schülerinnen und Schüler fleißig gelernt haben und trotzdem bei einer Kontrolle nicht die erhoffte gute Note erhalten. Eine häufige Ursache ist, dass sie die Aufgabenstellung nicht richtig erfasst haben.
Deshalb hier einige wichtige Tipps dazu:

- Lass dir Zeit, um die Aufgabenstellung gründlich zu lesen, am besten mehrmals. Eine überflüssige oder falsche Antwort braucht mehr Zeit als genaues Lesen!
- Suche und unterstreiche die Verben (Operatoren) in der Aufgabenstellung. Sie sagen dir, was zu tun ist. Was du bei den einzelnen Operatoren machen musst, wird rechts in der Tabelle erklärt.
- Zu umfangreicheren Aufgabenstellungen gehören oft Texte. Sie müssen genauso gründlich gelesen werden wie die Aufgaben selbst, denn oft enthalten sie bereits Antworten. Verwende dazu z. B. die 5-Schritt-Lesetechnik (siehe unten) und markiere dir wichtige Worte oder Abschnitte!
- Vergleiche deine Antwort noch einmal mit der Aufgabenstellung und korrigiere notfalls.

Beginne mit der Aufgabe, die du sicher lösen kannst. Das gibt dir Sicherheit!

- Wenn du mit einer Aufgabe nicht weiter kommst, löse erst die anderen, sonst verlierst du Zeit!
- Es gibt gute Internetadressen, unter denen du sehr viel über alles erfahren kannst, das mit dem Lernen zu tun hat. Als Suchbegriff kannst du in einer Suchmaschine z. B. die Worte „Wie lerne ich am besten“ eingeben.

Und außerdem:

- Wer sehr aufgeregt ist, kann wichtige, im Gehirn gespeicherte Informationen nicht wiederfinden!
- Also: Bei Kontrollen möglichst ruhig bleiben! Das klappt am besten, wenn man sich gut vorbereitet hat.

Die 5-Schritt-Lesetechnik oder wie man sich den Inhalt eines Textes besser merken kann

1. Schritt – Überblick gewinnen
   Du überfliegst den Text mit deinen Augen (das nennt man auch „diagonal lesen“) und erfasst dabei den wesentlichen Inhalt des Textes. Schräg oder fett gedruckte Wörter helfen dir dabei.
2. Schritt – Fragen stellen
   Überlege, was du schon über den Inhalt des Textes weißt bzw. wissen willst. Beachte die Aufgabenstellungen zum Text genau! Kennzeichne dir unbekannte Wörter mit einem Fragezeichen.
3. Schritt – Gründliches Lesen
   Suche durch gründliches Lesen Antworten auf deine Fragen. Schlage unbekannte Begriffe nach.
4. Schritt – Zusammenfassen
   Markiere bedeutsame Erklärungen und Schlüsselwörter durch Unterstreichen oder mit einem Textmarker oder schreibe diese heraus. Ergänzend kannst du dir für einzelne Abschnitte Überschriften überlegen.
5. Schritt – Wiederholung
   Gehe deine Fragen und die zugehörigen Antworten noch einmal durch. So kannst du den Inhalt des Textes bzw. die Antworten auf deine Fragen dauerhaft in deinem Gedächtnis verankern.

Operatoren	Definitionen
angeben	Elemente, Sachverhalte, Begriffe, Daten ohne nähere Erläuterungen aufschreiben, (knapp, geordnet, evtl. als Tabelle); keine Bewertung
begründen	Einen angegebenen Sachverhalt auf Gesetzmäßigkeiten bzw. kausale Zusammenhänge zurückführen
benennen	Elemente, Sachverhalte, Begriffe oder Daten (er)kennen und angeben
berechnen	Ergebnis von einem Ansatz ausgehend durch Rechenoperation gewinnen
beschreiben	Strukturen, Sachverhalte oder Zusammenhänge unter Verwendung der Fachsprache in eigenen Worten wiedergeben
beurteilen	Zu einem Sachverhalt ein selbstständiges Urteil unter Verwendung von Fachwissen und Fachmethoden formulieren und begründen
bewerten	Eine eigene Position nach ausgewiesenen Kriterien vertreten
definieren	Begriffe beschreiben; evtl. auch anhand von Beispielen
entwickeln	Eine Skizze, eine Hypothese, ein Experiment, ein Modell oder eine Theorie schrittweise weiterführen und ausbauen
erklären	Ein Phänomen oder einen Sachverhalt auf Regeln und Gesetzmäßigkeiten zurückführen sowie ihn nachvollziehbar und verständlich machen
erläutern, zeigen	Einen Sachverhalt veranschaulichend darstellen und durch zusätzliche Informationen verständlich machen
erörtern	Argumente zu einer Aussage einander gegenüberstellen und abwägen, mit einem eigenen Urteil abschließen
formulieren von Gleichungen	Aufstellen von Gleichungen z. B. einer Bewegungsgleichung
interpretieren	Fachspezifische Zusammenhänge auf Erklärungsmöglichkeiten untersuchen und sie gegeneinander abwägend darstellen
nennen	Ohne nähere Erläuterungen aufzählen
planen von Experimenten	Einen experimentellen Lösungsweg entwickeln und durch Angabe der benötigten Materialien, einer Versuchsanleitung und einer Versuchsskizze strukturiert beschreiben
skizzieren	Sachverhalte, Strukturen und Ergebnisse auf das Wesentliche reduziert mithilfe von Übersichten, Schemata, Diagrammen oder Abbildungen darstellen
überprüfen, prüfen	Eine Aussage nachvollziehen und auf der Grundlage eigener Kenntnisse beurteilen
untersuchen	An Gegenstände oder Sachverhalte gezielte Fragen stellen, diese beantworten und die Antworten begründen
zeichnen	Eine möglichst exakte grafische Darstellung beobachtbarer oder gegebener Strukturen anfertigen

Schallschwingungen

1 Schallerzeugende Körper führen Schwingungen aus. Beschreibe ein Experiment zum Nachweis von Schwingungen bei schallerzeugenden Körpern.

2 In den folgenden vier Abbildungen ist jeweils die Schwingungskurve desselben Tons eingezeichnet. Zeichne in jedes Diagramm die Schwingungskurve eines zweiten Tons ein, der im Vergleich zum vorgegebenen die jeweils genannte Eigenschaft erfüllt.

a)
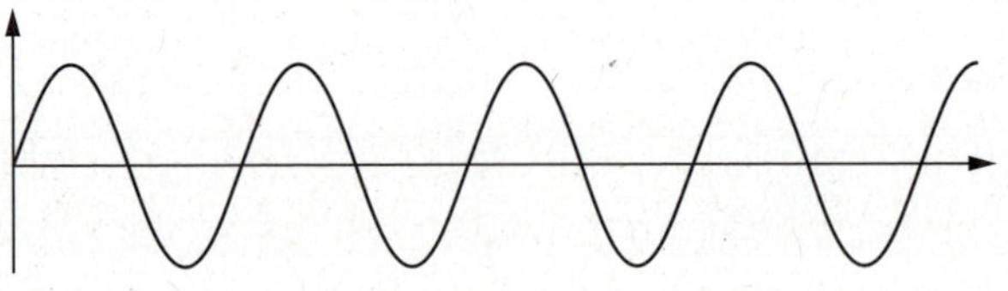

b)
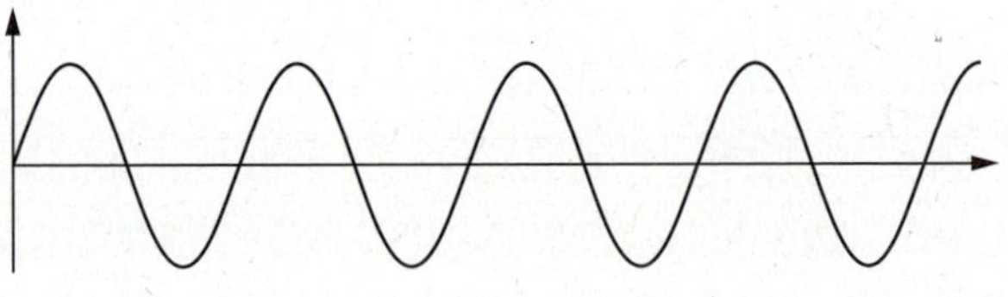

c)
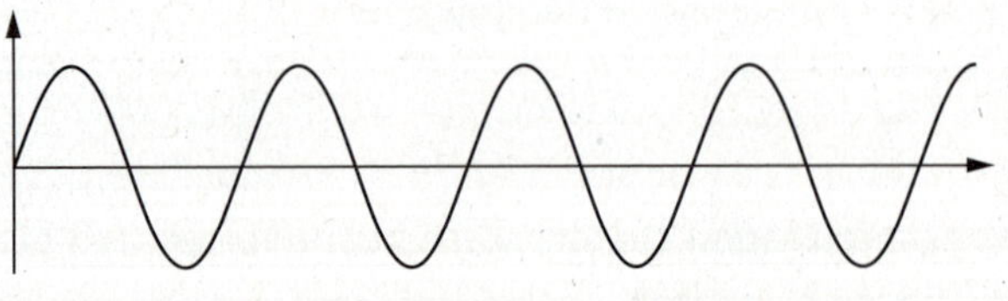

d)
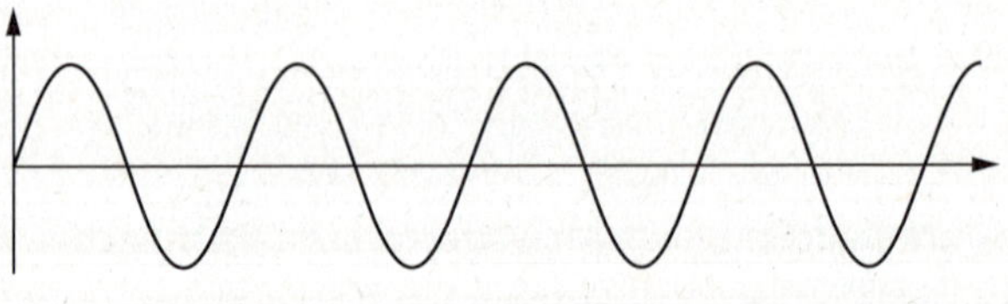

a) Ton mit gleicher Tonhöhe, aber geringerer Lautstärke

b) Ton mit gleicher Lautstärke, der aber höher ist

c) Ton mit gleicher Lautstärke, der tiefer ist

d) Ton mit größerer Lautstärke, der tiefer ist

Schallausbreitung

1 Bei einem Gewitter, das noch weit entfernt ist, nimmt man den Blitz immer vor dem Donner wahr. Erkläre, weshalb das so ist.

2 Im Gegensatz zu Licht benötigt der Schall einen Träger, um sich auszubreiten.

a) Beschreibe ein Experiment, mit dem sich dieser Sachverhalt nachweisen lässt.

b) Zeige anhand einer Skizze, wie man sich die Ausbreitung von Schall modellhaft vorstellen kann.

Schallgeschwindigkeit

1 Beschreibe ein einfaches Experiment zur Bestimmung der Schallgeschwindigkeit.

2 In einem Tal zwischen hohen Felswänden kann ein Wanderer seinen Ruf nach 4 Sekunden als Echo hören.
a) Erkläre, wie ein Echo entsteht.

b) Berechne die Entfernung des Wanderers von der Felswand.

c) Benenne die wesentlichen Eigenschaften von Schallwellen.

Schallphänomene

1 Die Abbildung zeigt einen Versuchsaufbau, bei dem eine Schallquelle einer Reihe eingespannter Metallzungen gegenübergestellt ist. Beschreibe, welche Beobachtung man bei diesem Versuch machen kann, und erkläre sie.

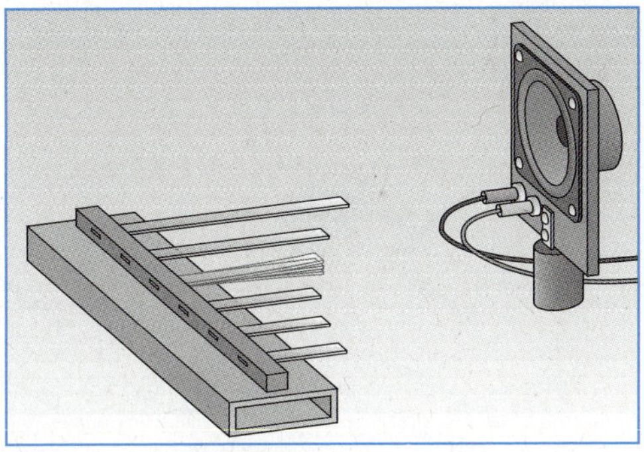

2 Wenn ein schwingungsfähiger Körper mit seiner Eigenfrequenz zum Schwingen angeregt wird, spricht man von Resonanz. Die Klangkörper von Saiteninstrumenten werden oft als Resonanzkörper bezeichnet. Beurteile, ob diese Bezeichnung richtig ist.

Eigenschaften des Lichts

1 Du sitzt am Tisch und liest ein Buch. Welche Zeichnung beschreibt den Weg des Lichts richtig?

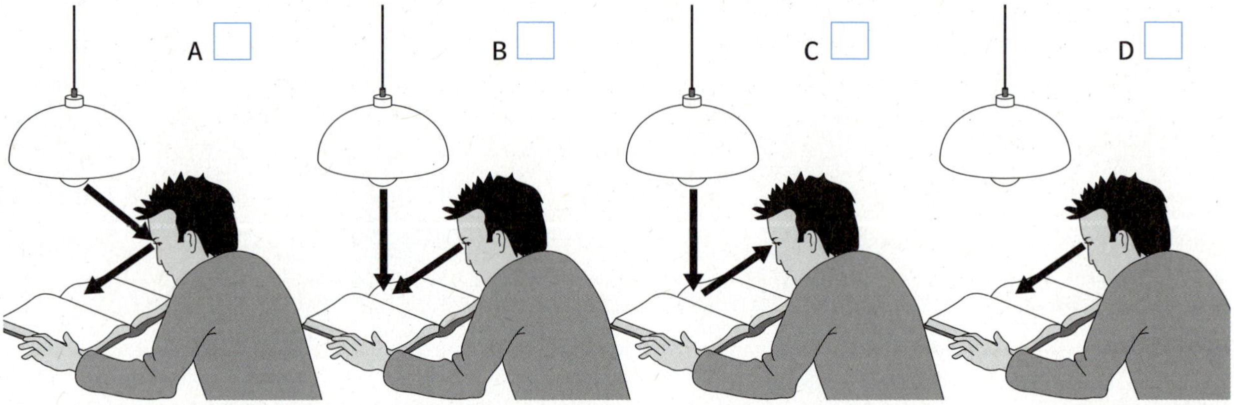

Formuliere eine kurze Begründung.

2 In Rohbauten müssen Handwerker oft gerade Linien festlegen. Dazu verwenden sie eine Lichtquelle, die einen sichtbaren Laserstrahl aussendet. Benenne die Eigenschaft des Lichts, die sie dabei nutzen.

3 Ein Schüler behauptet: „Licht ist eigentlich unsichtbar. Das kann ich mit zwei schwarzen Papprohren beweisen. Am verschlossenen Ende der einen Röhre befindet sich eine Lichtquelle. Nun richte ich die Öffnungen der Röhren aufeinander..." Ergänze die Beschreibung des Versuchsablaufs. Erkläre das Ergebnis.

Lichtausbreitung

1 Vor einem Schirm steht eine Kerze. Auf dem Schirm ist kein Bild zu erkennen. Beschreibe, wie der Versuchsaufbau geändert werden muss, damit ein Bild der Kerze sichtbar wird.

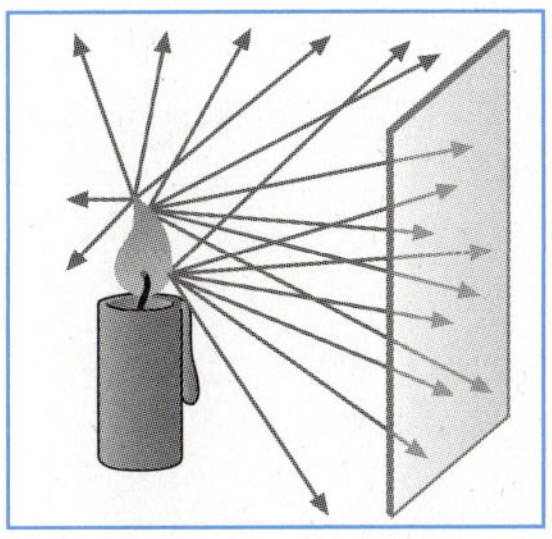

2 Jemand hat eine Lochkamera gebaut, bei der man zwischen verschiedenen Blenden wählen kann. Erläutere, wie sich die Verwendung verschiedener Blenden auf die Abbildung eines Gegenstands auswirkt.

3 Ein Schüler bewegt im abgedunkelten Raum einen Zeigestock im Lichtkegel eines Beamers rasch auf und ab. Beschreibe und erkläre, was sich bei dem Versuch beobachten lässt.

Licht und Schatten

1 Gib an, welche der abgebildeten Körper im Schattenbild ein Quadrat und welche einen Kreis ergeben, wenn man sie von der richtigen Seite mit einer punktförmigen Lichtquelle beleuchtet.

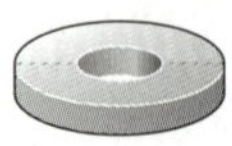

1 ____________

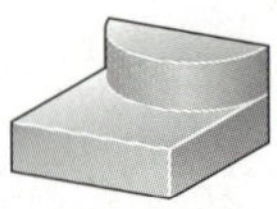

2 ____________

3 ____________

4 ____________

5 ____________

6 ____________

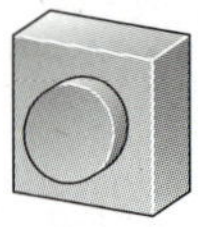

7 ____________

8 ____________

9 ____________

2 Erkläre mithilfe einer Abbildung die Entstehung von Kernschatten und Halbschatten.

3 Lassen sich mit Leuchtstoffröhren Schatten mit scharfen Rändern erzeugen? Begründe deine Antwort und nimm dabei Bezug auf die Aufgabe 2.

Körper im Licht

1 In einem abgedunkelten Raum werden ein Spiegel, zerknitterte Aluminiumfolie, ein weißes sowie ein schwarzes Blatt Papier schräg von der Seite beleuchtet.
Welche Aussage trifft auf welchen Gegenstand zu? Begründe deine Zuordnung.

a) Der Gegenstand erscheint aus allen Richtungen betrachtet hell.

b) Der Gegenstand erscheint aus fast allen Richtungen betrachtet dunkel.

c) Einzelne Bereiche des Gegenstands bleiben bei der Betrachtung aus allen Richtungen dunkel.

d) Der Gegenstand erscheint aus allen Richtungen betrachtet dunkel.

2 Bei der indirekten Beleuchtung eines Zimmers richtet man das Licht der Lampe auf helle Flächen wie Decke und Wand. Erkläre, warum diese Art der Beleuchtung fast schattenlos ist.

Reflexion des Lichts

1 Setze für die Zahlen in der Abbildung die passenden Begriffe ein.

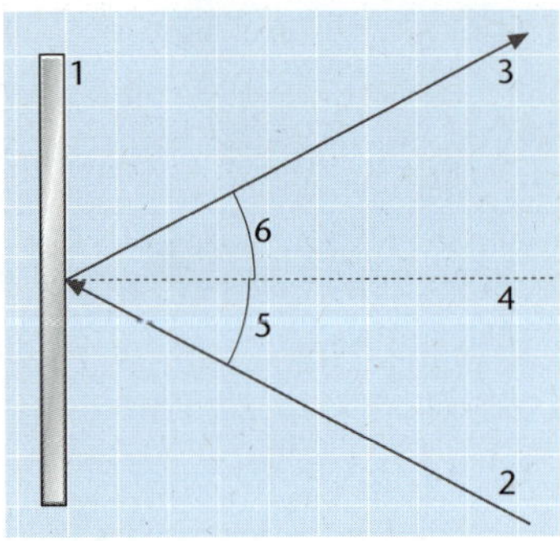

2 Drei nicht einsehbare Schachteln enthalten einen oder zwei Spiegel, an denen ein Lichtstrahl in der eingezeichneten Weise umgelenkt wird. Zeichne den oder die Spiegel jeweils in der richtigen Lage in die Abbildungen ein.

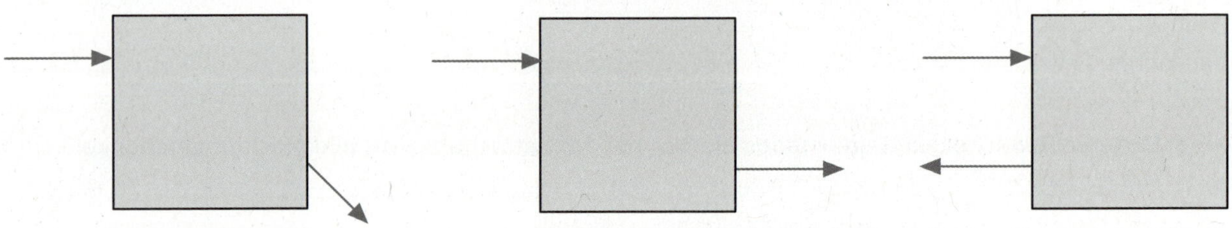

3 Ein Schüler führt an einem ebenen Spiegel einen Versuch zur Reflexion von Lichtstrahlen durch. Er misst den Winkel α zwischen dem einfallenden Lichtstrahl und dem Lot und er misst den Winkel α' zwischen dem reflektierten Lichtstrahl und dem Lot. Seine Messergebnisse hält er in einer Tabelle fest.

Einfallswinkel α	0°	18°	22°	34°	45°	67°
Reflexionswinkel α'	0°	18°	22°	35°	46°	67°

Kommentiere das Versuchsergebnis.

Spiegelbilder

1 Stelle dich in Gedanken aufrecht hin und krempele deinen linken Ärmel nach oben. Nun betrachtest du dich in einem ebenen Spiegel. Kreuze an, welche Aussage richtig ist, und begründe deine Wahl.

☐ Auch im Spiegelbild ist der linke Ärmel nach oben gekrempelt.

☐ Im Spiegelbild sind links und rechts vertauscht: Jetzt ist der rechte Ärmel nach oben gekrempelt.

2 Wie groß darf der Abstand der Unterkante eines Spiegels zum Boden höchstens sein, wenn eine vor dem Spiegel stehende, 1,60 m große Person sich ganz im Spiegel sehen will? Finde mithilfe einer Zeichnung die richtige Lösung.

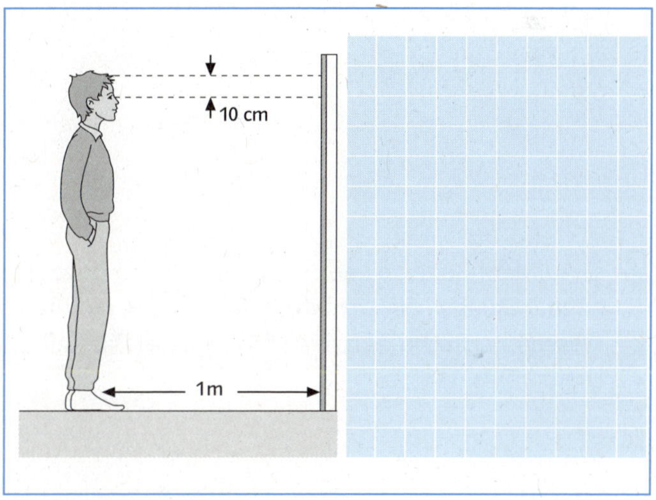

☐ Die Spiegelunterkante darf höchstens einen Abstand von 80 cm zum Fußboden besitzen.

☐ Die Spiegelunterkante darf höchstens einen Abstand von 75 cm zum Fußboden besitzen.

☐ Der Spiegel muss bis zum Fußboden gehen.

☐ Die Höhe der Unterkante ist unwichtig. Es kommt auf den Abstand der Person zum Spiegel an.

3 Bestimmte Fahrzeuge tragen vorne einen Schriftzug in Spiegelschrift. Um welche Fahrzeuge handelt es sich? Ist diese Schreibweise sinnvoll? Begründe deine Antwort.

Licht an Grenzflächen

1 In einer mit Wasser gefüllten Glaswanne liegt eine Münze. Der Junge richtet das Röhrchen so aus, dass er die Münze durch das Rohr sehen kann. Durch das Röhrchen steckt er einen Stab und schiebt ihn bis zum Boden der Wanne vor. Beschreibe und erkläre das Ergebnis.

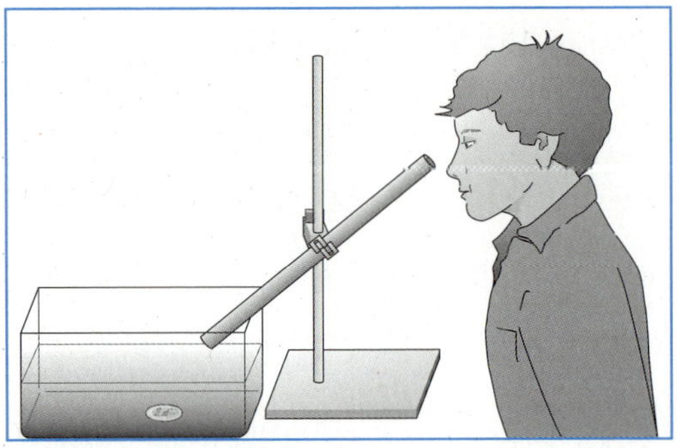

2 a) Auf dem Boden einer Wanne mit Wasser liegt ein ebener Spiegel. Ein Lichtstrahl fällt schräg auf die Wasseroberfläche. Skizziere den weiteren Verlauf des Lichtstrahls.

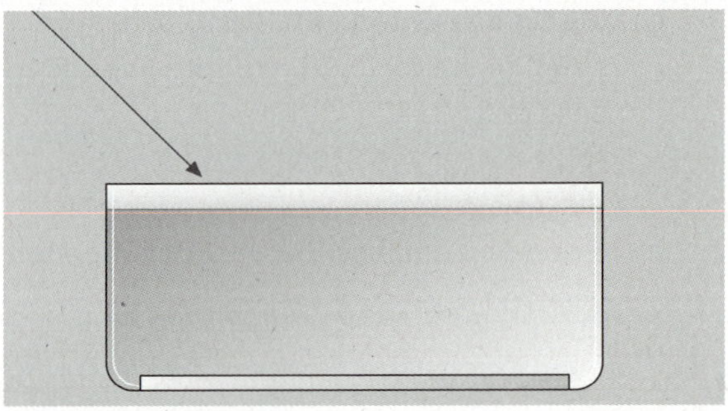

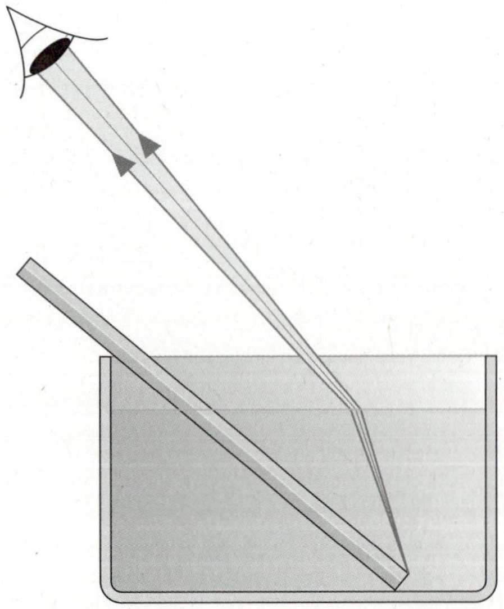

b) Stellt man einen Trinkhalm in ein mit Wasser gefülltes Glas und betrachtet ihn schräg von oben, scheint es, als sei der Trinkhalm geknickt. Zeichne in die Grafik den Verlauf des „geknickten" Trinkhalms ein.

Untersuchung der Lichtbrechung

1 a) Ein Lichtstrahl fällt mit unterschiedlichen Einfallswinkeln α auf einen Halbrundglaskörper. Der jeweilige Brechungswinkel β wird gemessen. Die Winkel α und β werden in eine Tabelle eingetragen.

Einfallswinkel α	0°	10°	15°	20°	30°	45°	60°	80°	85°	88°
Brechungswinkel β	0°	6,6°	10°	13°	20°	28°	35°	41°	41,6°	41,8°

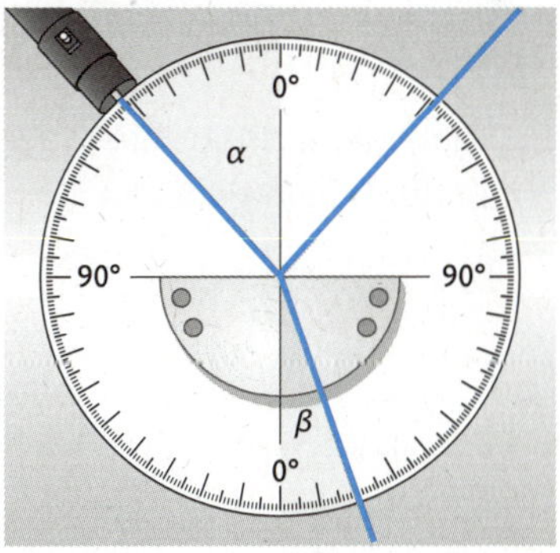

Kreuze an, welche der folgenden Aussagen richtig sind.

☐ Einfallswinkel α und Brechungswinkel β sind proportional zueinander.

☐ Trifft der Lichtstrahl senkrecht auf den Glaskörper, so geht er ungebrochen durch.

☐ Der Brechungswinkel β ist stets kleiner als der Winkel α.

☐ Für keinen Winkel α wird der Winkel β größer als 45°.

b) Vervollständige den Verlauf des Lichtstrahls in den beiden Abbildungen.

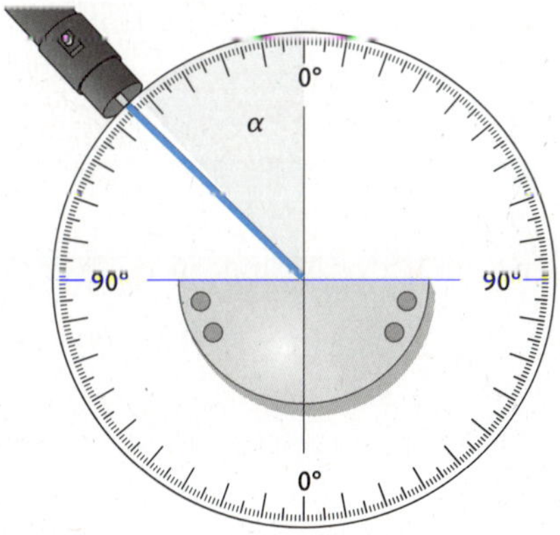

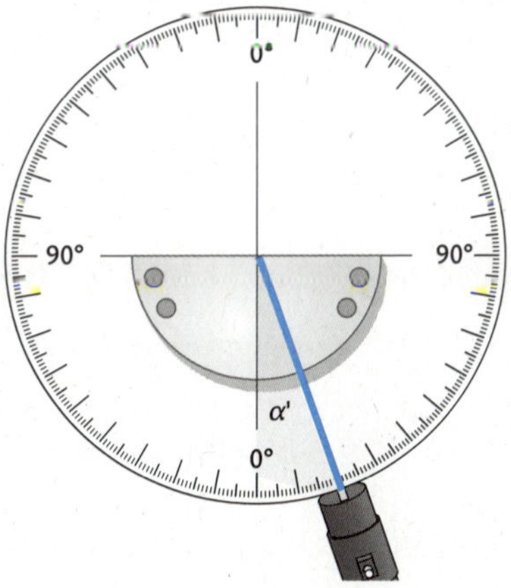

Erkläre, weshalb du zur Lösung die Tabelle aus Aufgabe 1a verwenden kannst.

Totalreflexion

1 Ein Lichtstrahl wird bei x total reflektiert. Ist die Luftschicht A das optisch dichtere Medium (z. B. kalte Luft) oder ist B das optisch dichtere Medium?

☐ Medium A ist optisch dichter.

☐ Medium B ist optisch dichter.

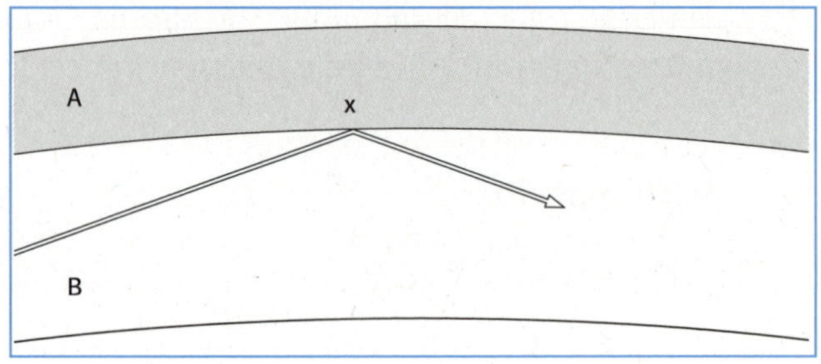

2 Parallele Lichtstrahlen fallen bei A in die Boxen und treten bei B wieder aus. Skizziere die Glaskörper, die in die Boxen gehören.

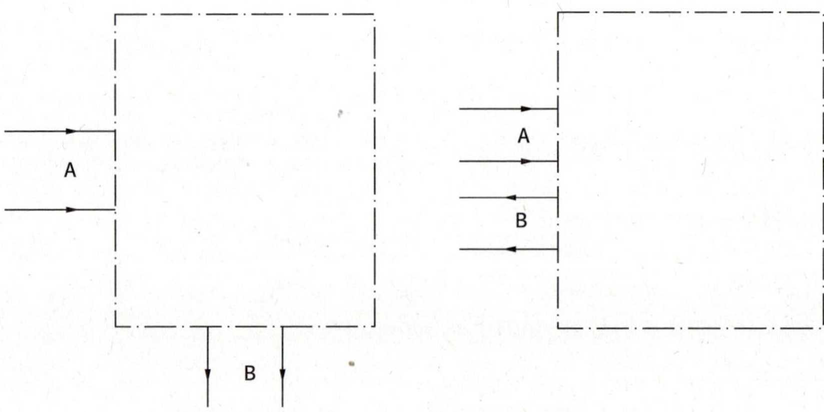

3 Ergänze den Text zur Totalreflexion. Beziehe dich auf die Winkel und Lichtstrahlen in den Abbildungen.

Tritt ein Lichtbündel vom optisch dichteren zum optisch ______________ Stoff über (z. B. von ______________ nach ______________), so wird es vom Lot ______________, (wie Lichtstrahl Nr. ____). Ein Teil des Lichtbündels wird ______________. Bei zunehmendem Einfallswinkel nimmt der reflektierte Anteil des Lichts zu (Lichtstrahl Nr. ____). Ab einem bestimmten Einfallswinkel (Winkel ____) wird das Lichtbündel ______________ an der Grenzfläche reflektiert.

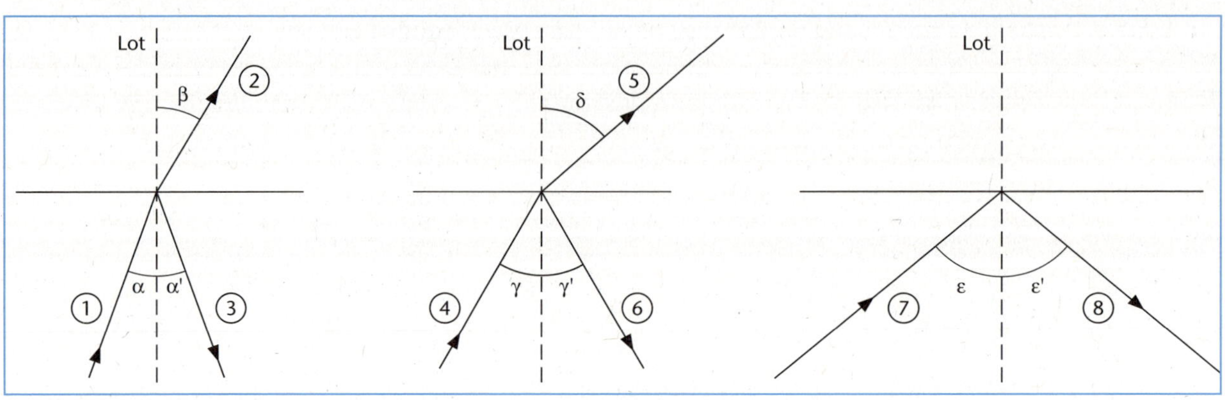

Erzeugung von farbigem Licht

1 Ein weißes Lichtbündel trifft auf ein Glasprisma. Zeichne den Strahlengang des Lichts durch das Glasprisma. Skizziere und beschreibe, was du auf dem Schirm erkennen kannst.

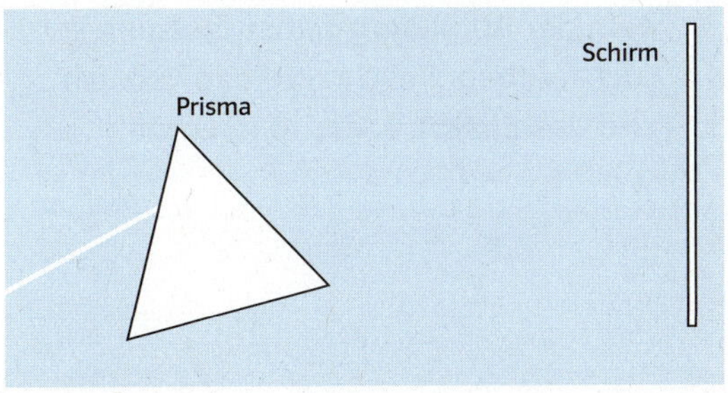

2 Mithilfe einer Spaltblende wird Licht einer Spektralfarbe (z. B. grünes Licht) erzeugt. Dieser Lichtstrahl fällt auf ein Glasprisma. Vervollständige die Abbildung und erläutere das Versuchsergebnis.

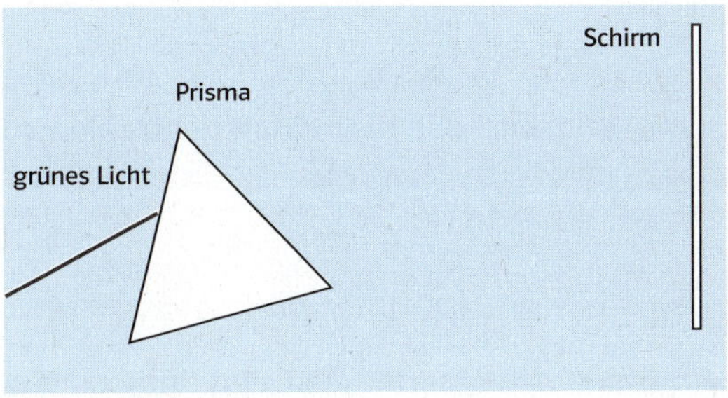

3 Auch im Alltag bzw. in der Natur kann man eine Zerlegung des Sonnenlichts in seine Farben beobachten. Beschreibe eine solche Erscheinung. Gib an, welches Objekt die Rolle des Glasprismas übernimmt.

Farben mischen und filtern

1 a) In der Abbildung siehst du einen Versuchsaufbau. Beschreibe den Versuch und das Ergebnis, das man erhält.

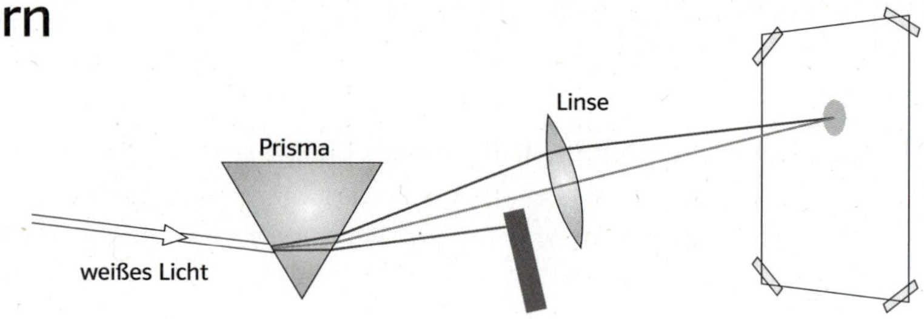

b) Wie wird das Übereinanderstrahlen von verschiedenen Farben genannt?

2 Ergänze folgenden Text und finde eine passende Überschrift dazu.

Hält man farbige Folien oder Farbgläser in den Strahlengang des weißen Lichts, so wird Licht bestimmter Farben __________ . Solche Folien oder Gläser heißen __________ . Ein rotes Farbglas absorbiert __________ außer __________ . Das Herausfiltern von Farben wird __________ genannt. Werden mehrere Farbgläser übereinander gelegt, gelangen nur Farben hindurch, für die alle Gläser __________ sind.

3 Wie erscheint rote Schrift auf weißem Papier durch ein rotes Farbfilter betrachtet? Begründe die Antwort.

Optische Linsen

1 Verschiedene Linsen sollen nach Sammellinsen und Zerstreuungslinsen sortiert werden. Skizziere und beschreibe einen Versuch dazu.

2 Bei welchen der im Schnitt gezeichneten Linsen handelt es sich um Sammellinsen, bei welchen um Zerstreuungslinsen? Formuliere kurz, woran die Linsen jeweils zu erkennen sind.

Sammellinsen:

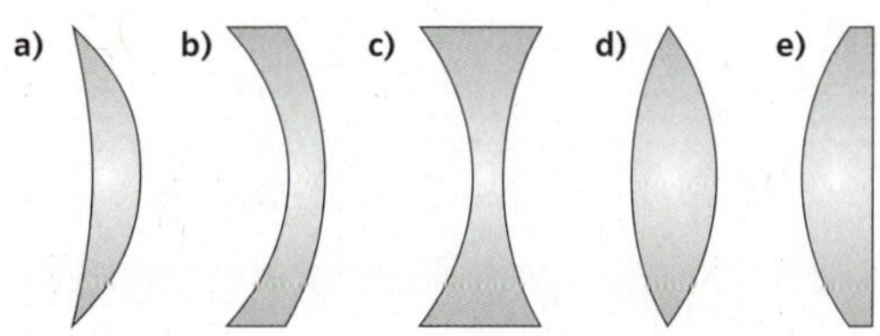

Zerstreuungslinsen:

3 Die Abbildung zeigt Strahlengänge von Licht durch verdeckte Linsen. Um welche Linsenart handelt es sich jeweils? Begründe deine Antwort.

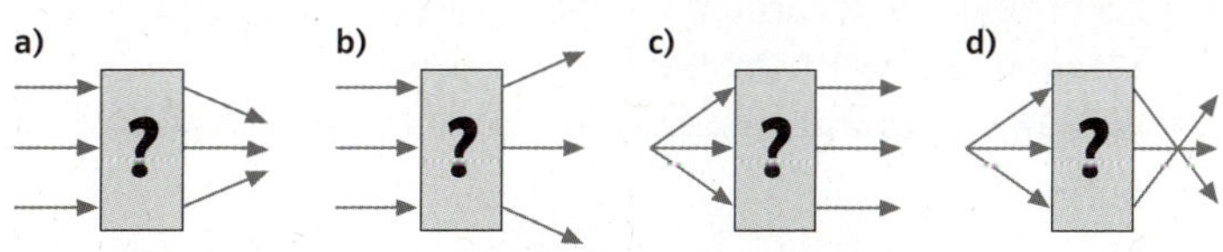

Eigenschaften von Sammellinsen

1 a) Erkläre, wie die Krümmung der Linsenoberfläche die Brennweite einer Sammellinse beeinflusst.

b) In einem Versuch stellt man fest, dass die Brennweite gleich geformter Linsen unterschiedlich ist. Überlege dir, was der Grund dafür ist.

2 An einem schönen Sommertag hält man eine Sammellinse ins Sonnenlicht. Hinter der Linse bewegt man ein Stück Papier hin und her. Beschreibe und erkläre, was man beobachten kann.

3 In Abbildung a treffen parallele Lichtstrahlen auf eine Sammellinse. In Abbildung b wird eine zweite Sammellinse innerhalb der Brennweite der ersten Linse angebracht. Zeichne einen möglichen Strahlengang hinter der zweiten Linse in die Abbildung b ein.

a)

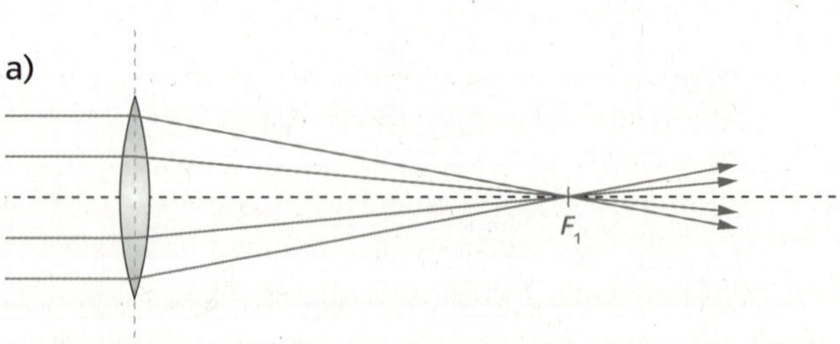

b)

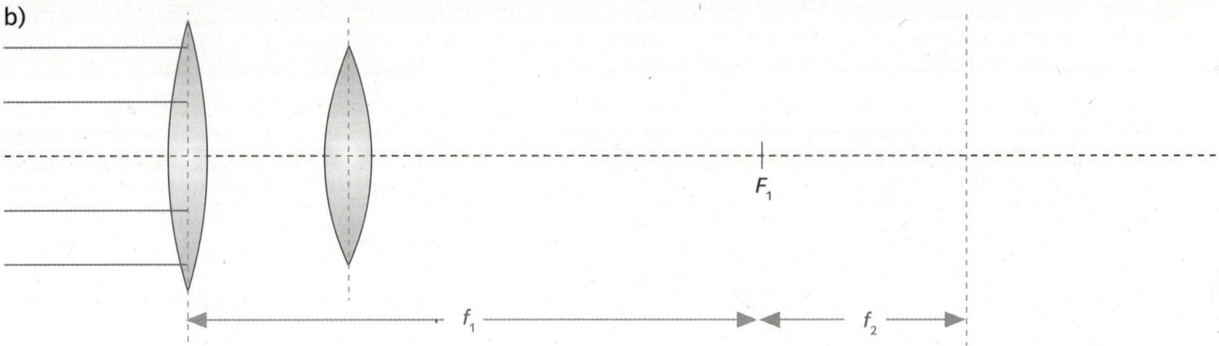

Abbildungen mit Sammellinsen

1 Die Abbildung zeigt eine Linse mit unterschiedlich gekrümmten Oberflächen. In Abbildung a fallen parallele Lichtstrahlen von links auf die Linse. In Abbildung b treffen parallele Lichtstrahlen von rechts auf die gleiche Linse. Zeichne die Strahlenverläufe nach den Linsen in die Abbildungen ein.

a)

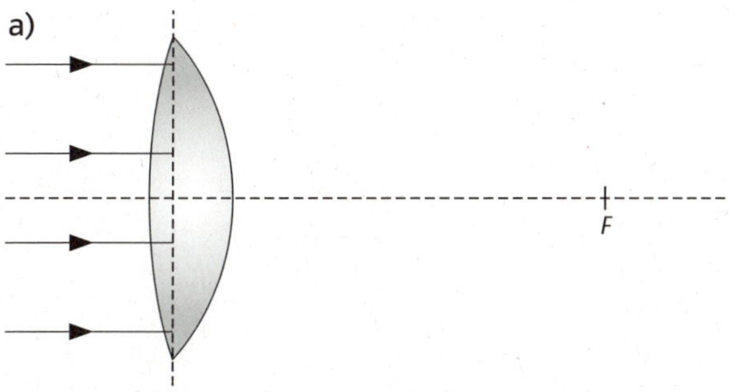

b)

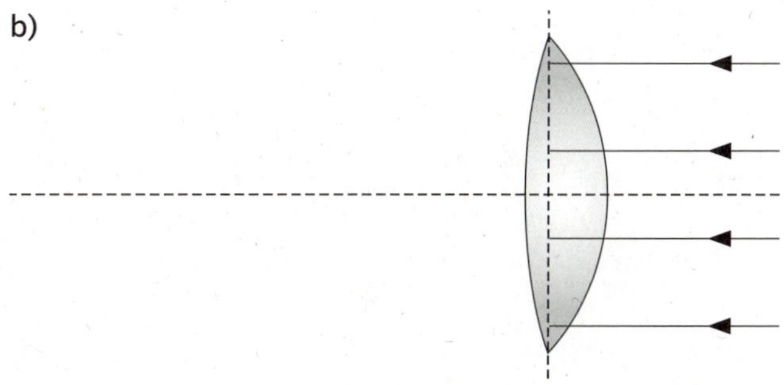

Benenne die Gesetzmäßigkeit, auf der das Ergebnis des beschriebenen Versuchs beruht.

2 Ein Gegenstand wird mit einer Sammellinse abgebildet. Die Messtabelle enthält die Bildweite *b* in Abhängigkeit von der Gegenstandsweite *g*.

Gegenstandsweite *g* in cm	13,0	15,0	25,0	35,0	50,0
Bildweite *b* in cm	43,2	30,5	16,7	13,8	12,7

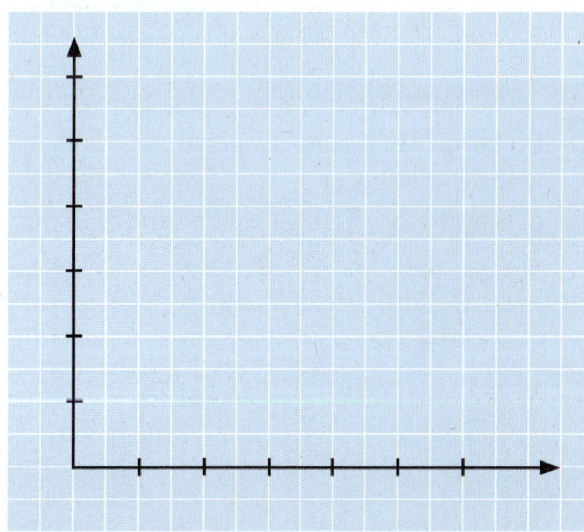

a) Beschrifte die Achsen, übertrage die Messwerte in das Achsenkreuz und zeichne das Diagramm.

b) Entnimm dem Diagramm ohne weitere Rechnung die Brennweite der Linse. Zeichne den Lösungsweg in das Diagramm ein.

c) Lies aus dem Diagramm die Bildweite ab, wenn sich der Gegenstand 20 cm vor der Linse befindet. Mache eine Aussage über die Größe des Bilds.

Bilder durch Linsen

1 Welche Lichtstrahlen eignen sich zur einfachen Konstruktion des Strahlengangs bei Linsen? Begründe deine Antwort.

2 Konstruiere in den beiden Abbildungen jeweils das Bild des Gegenstands.

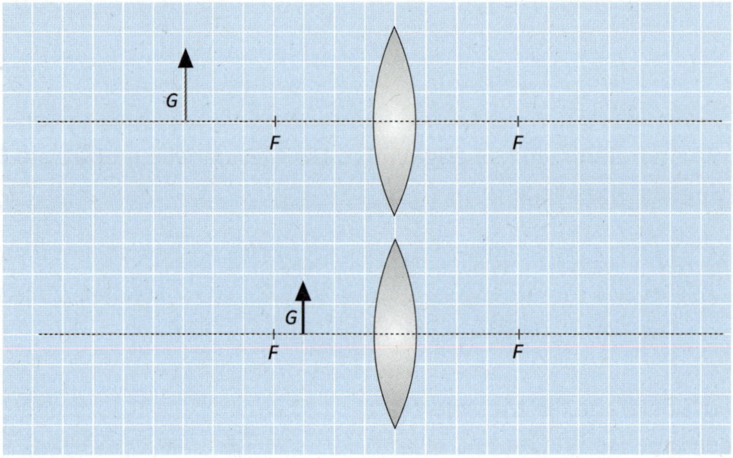

3 Du betrachtest einen Gegenstand durch eine Linse. Der Gegenstand befindet sich innerhalb der Brennweite der Linse.

a) Beschreibe die Eigenschaften des Bildes, das entsteht.

b) Benenne das optische Gerät, das man auf die beschriebene Weise einsetzt.

Korrektur von Sehfehlern

1 Welches der abgebildeten Augen ist kurzsichtig? Kreuze die richtige Antwort an.

- ☐ Auge A ist kurzsichtig
- ☐ Auge B ist kurzsichtig
- ☐ Auge C ist kurzsichtig

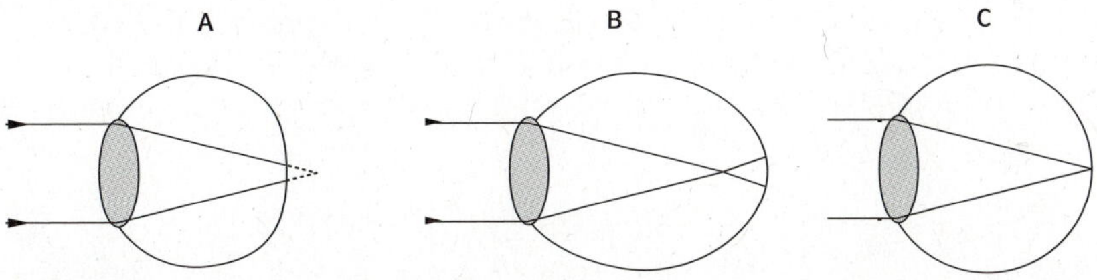

2 Wer kurzsichtig ist, kann den Sehfehler durch eine Brille korrigieren. Welche Form muss die Brillenlinse haben, damit auch weit entfernte Gegenstände scharf auf der Netzhaut abgebildet werden? Benenne die unten abgebildeten Linsen und kreuze an, welche Linse die Kurzsichtigkeit korrigiert.

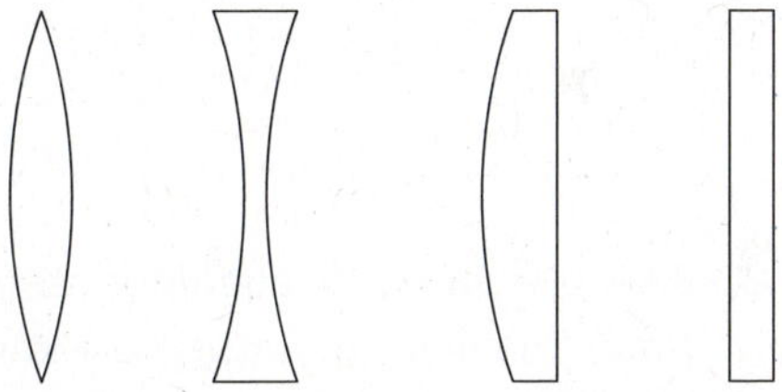

A ☐ B ☐ C ☐ D ☐

3 Beschreibe in einigen Sätzen die Weitsichtigkeit und ihre Auswirkungen. Gehe dabei auf die Form des Augapfels, die Lage und die Eigenschaften des Bildes im Auge sowie die Korrektur des Sehfehlers ein.

Energieformen

1 In den Abbildungen kommen verschiedene Energieformen zur Anwendung. Nenne sie.

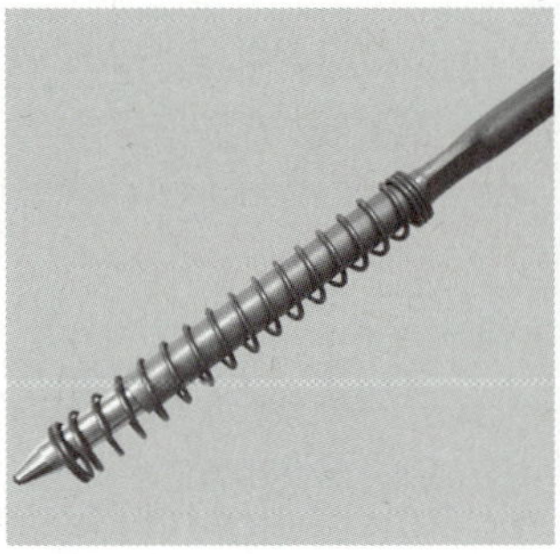

2 Zwei gleiche Spielzeugautos stehen jeweils an einer Rampe. Die Stockwerke sind gleich hoch. Beide Autos rollen ohne Antrieb die Rampe hinunter.
Prüfe die Aussagen und kreuze die richtigen an.

- ☐ Auto I ist am Ende der Rampe schneller als Auto II, weil es eine Etage höher startet.
- ☐ Beide Autos sind am Ende der Rampe gleich schnell, denn sie sind gleich.
- ☐ Auto II kann genauso schnell werden wie Auto I, wenn seine Masse durch Beladung verdoppelt wird.

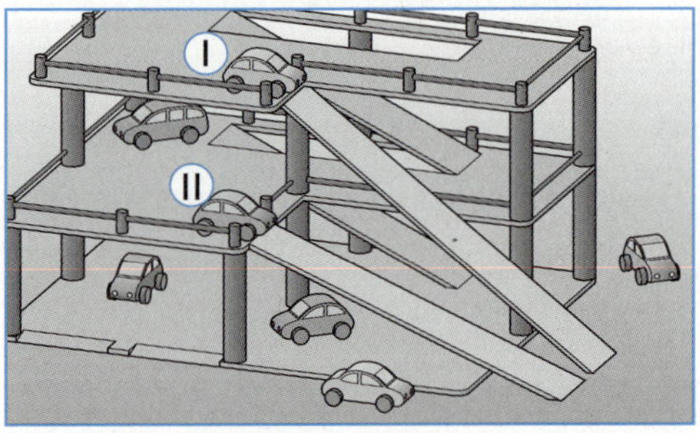

3 Eine Mitschülerin behauptet: „Wenn in der Bundesrepublik Deutschland nur genügend Solarkraftwerke vorhanden wären, dann ließe sich der gesamte Energieverbrauch damit decken und auf andere Kraftwerke könnte verzichtet werden. Für Wasserkraftwerke gilt diese Aussage ebenfalls."
Bewerte diese Aussage und begründe deine Meinung zu.

Energieumwandlungen

1 Ein Skater fährt auf einer Halfpipe. Beschreibe die Formen der Energie, die der Skater in den Punkten I, II, III, IV und V jeweils besitzt.

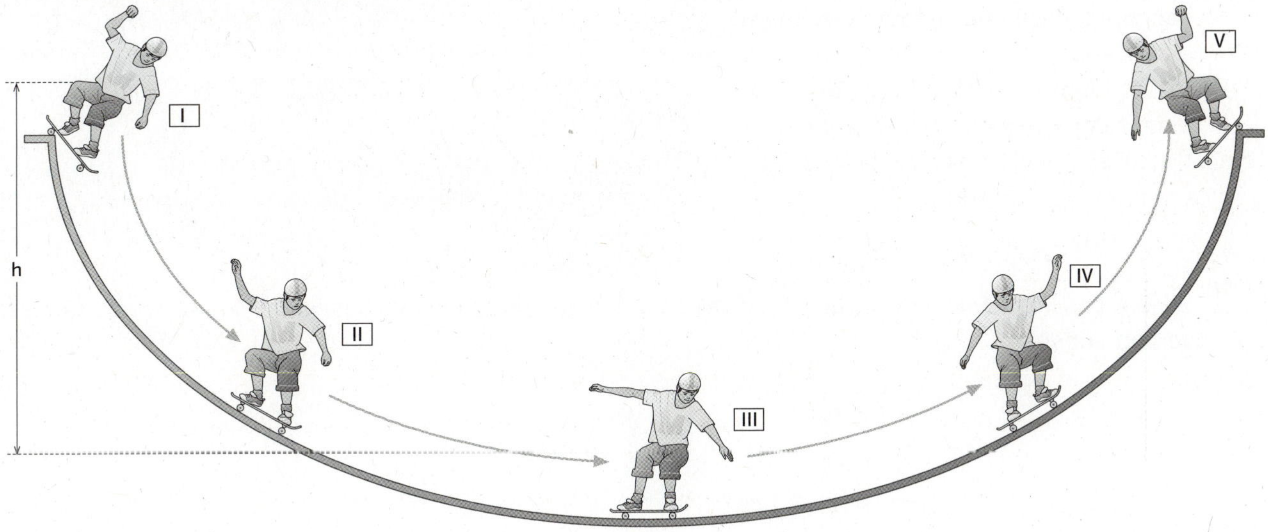

2 Die Eisenkugel A hat eine wesentlich größere Masse als die Kugel B. Beide Kugeln rollen aus gleicher Höhe los (die Rollreibung wird hier vernachlässigt).

a) Markiere jeweils den Umkehrpunkt der Kugeln auf der rechten Seite der Rinne.

b) Kugel B rollt nun reibungslos aus der eingezeichneten Position in eine gestreckte Rinne. Markiere rechts den Umkehrpunkt der Kugel.

a)

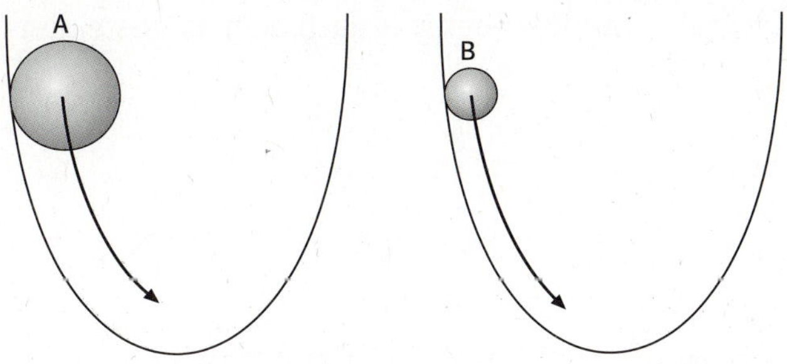

b)

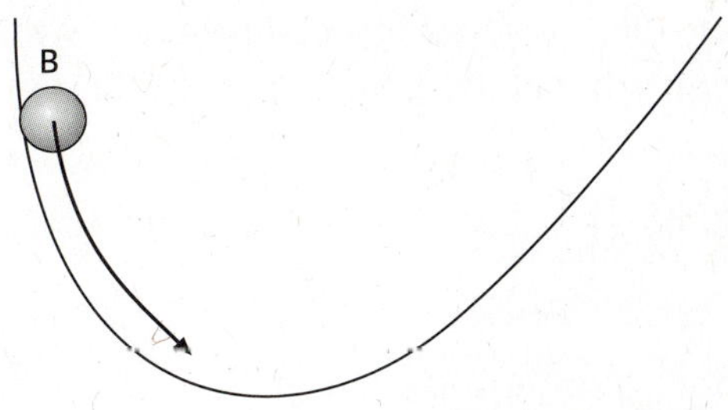

3 Erläutere die Ergebnisse der Aufgaben 1 und 2.

Elektrische Energie

1 Der Bedarf an elektrischer Energie, den Wirtschaft (z. B. Fabriken) und Haushalte haben, schwankt im Verlauf eines Tages sehr stark.
Im Zeitraum von 20 Uhr bis 24 Uhr nimmt der Energieverbrauch um ein Viertel ab. Vervollständige das Diagramm.

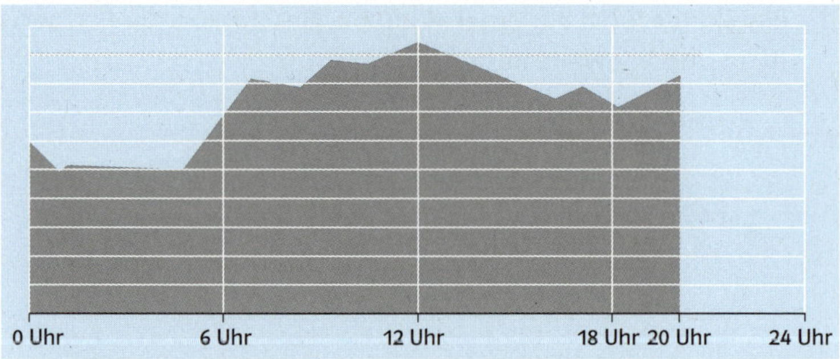

2 Erkläre das Zustandekommen der verschiedenen Spitzen und Täler, die das Bedarfsdiagramm im Tagesverlauf aufweist.

3 Manchmal muss sehr schnell Energie bereitgestellt werden. Unter den genannten Kraftwerken findet sich eines, das den zusätzlichen Energiebedarf jederzeit abdecken kann. Kreuze die richtige Antwort an.

☐ Heizkraftwerk ☐ Pumpspeicherkraftwerk ☐ Windkraftwerk ☐ Solarkraftwerk

4 Die Abbildung zeigt einen Versuchsaufbau mit einem Massestück, einem Dynamo und einer Glühlampe. Ordne diesem Versuchsaufbau ein Kraftwerk aus Aufgabe 3 zu, das ebenfalls nach dem dargestellten Prinzip arbeitet. Begründe deine Wahl.

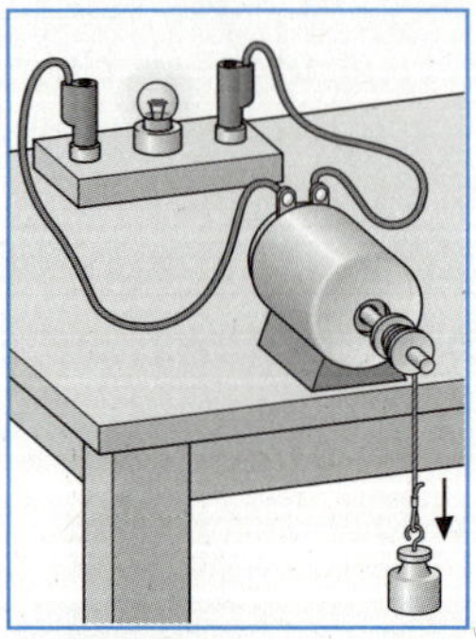

Mechanische Energie

1 Eine gespannte Feder besitzt Energie. Sie kann in einem Automatikschirm auf Knopfdruck den Schirm aufspannen. Beschreibe wie es möglich ist, dass sich der Schirm automatisch entfaltet. Beschreibe die verschiedenen Energieübertragungen bei diesem Vorgang.

2 Es soll untersucht werden, wovon die Größe der Energie einer gespannten Feder abhängt. Für eine Versuchsreihe zur Untersuchung dieser Frage stehen folgende Materialien zur Verfügung: verschiedene Federn; verschiedene Massestücke mit Bohrung; eine Stativstange, die an der Bodenplatte eine Arretierung für die Feder aufweist (die Federn passen auf die Stativstange).
Plane eine Versuchsreihe, mit der die Fragestellung untersucht werden kann.

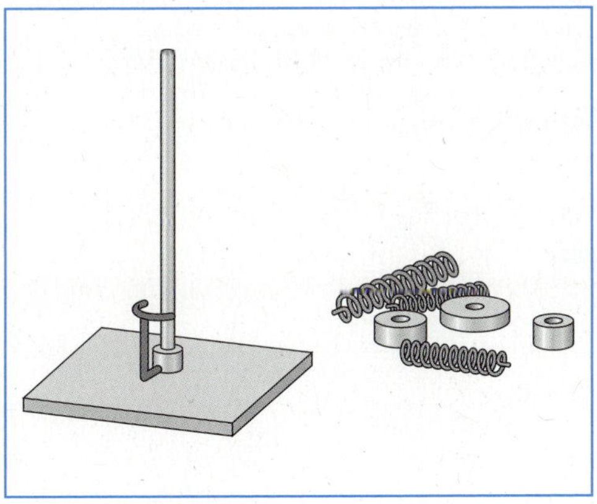

3 Mithilfe einer gespannten Feder wird ein Massestück von 70 g um 80 cm in die Höhe geschossen.
Berechne die von der Feder gespeicherte Energie.

Materie

Alle Gegenstände im Alltag und in der Natur bestehen aus Materie. Der Begriff Materie kommt aus der lateinischen Sprache und bedeutet Stoff.

Gegenstände können aus unterschiedlichen Stoffen bestehen. Die Eigenschaften eines Stoffes bestimmen, wie er eingesetzt werden kann. Die Naturwissenschaftler untersuchen die Eigenschaften, die Zusammensetzung und die Veränderung von Materie.

Teilchenmodell

Viele Eigenschaften und Veränderungen von Stoffen lassen sich erst erklären, wenn man weiß, wie die Stoffe aufgebaut sind. Da man den inneren Aufbau eines Stoffes selbst mit guten Mikroskopen nicht sichtbar machen kann, haben die Naturwissenschaftler dazu Modelle entworfen. Nach dem Teilchenmodell besteht jeder Stoff aus kleinsten Teilchen, die sich ständig bewegen.
Die Teilchen eines Stoffes (z. B. Eisen) sind untereinander alle gleich, d. h. sie sind gleich groß und auch gleich schwer. Die Teilchen verschiedener Stoffe (z. B. von Kupfer und Eisen) unterscheiden sich dagegen voneinander.

Teilchenmodell

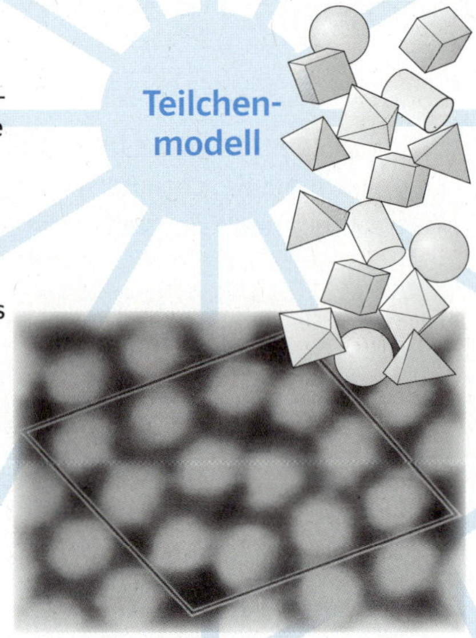

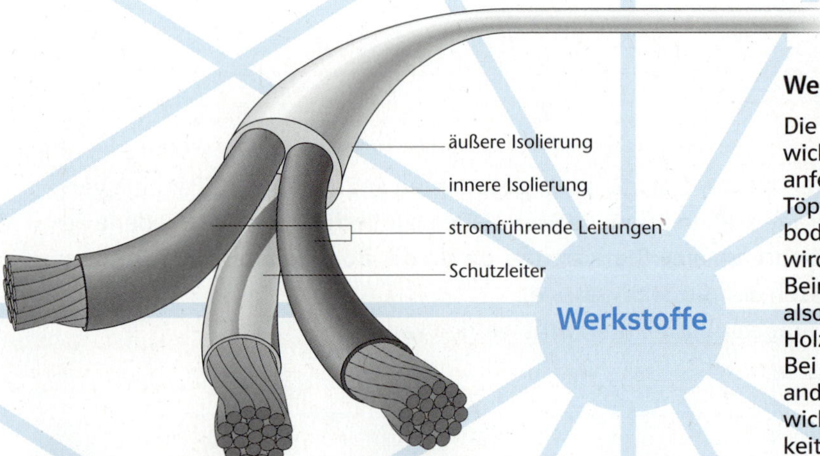

Werkstoffe

Werkstoffe

Die Eigenschaften der Materie sind wichtig für die Geräte, die man daraus anfertigt. So ist es beispielsweise bei Töpfen wichtig, dass für den Topfboden ein Stoff wie Metall verwendet wird, der die Wärme gut weiterleitet. Beim Topfgriff ist das nicht erwünscht, also wählt man dafür Kunststoff oder Holz.
Bei anderen Geräten ist vielleicht eine andere Stoffeigenschaft besonders wichtig, z. B. die elektrische Leitfähigkeit, die Magnetisierbarkeit oder die Verformbarkeit.

Verkehrssicherheit

Durch die Verwendung von Stoffen mit bestimmten Eigenschaften lässt sich erreichen, dass man im Straßenverkehr bei Dämmerung besser gesehen wird. So wirft helle Kleidung mehr Licht zurück als dunkle. Noch besser sind Reflexionsfolien an der Jacke, die aus spiegelnden Materialien bestehen.

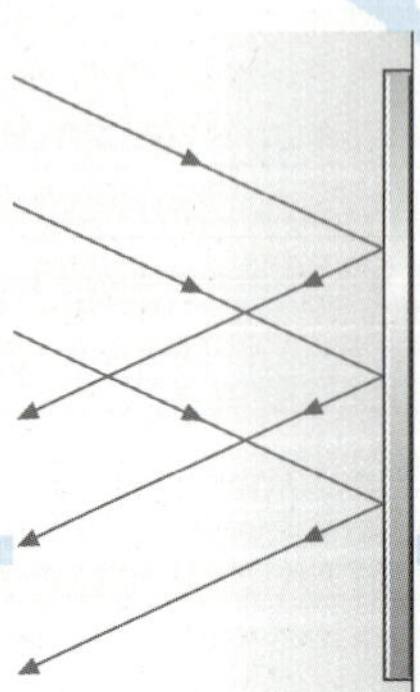

Verkehrssicherheit

Aggregat-
zustände

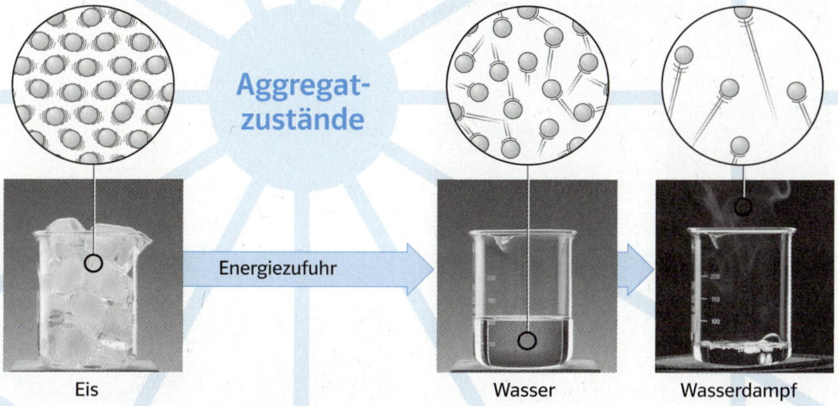

Aggregatzustände

Die Erscheinungsformen der Materie sind vielseitig. Der gleiche Stoff kann in festem, flüssigem oder gasförmigem Zustand vorliegen.
Eis, Wasser und Wasserdampf bestehen jeweils aus denselben Teilchen, allerdings sind ihre Anordnung und ihr Zusammenhalt je nach Aggregatzustand anders. Wenn Materie von einem Aggregatzustand in den anderen übergeht, dann verändert sich die innere Ordnung der Materie.

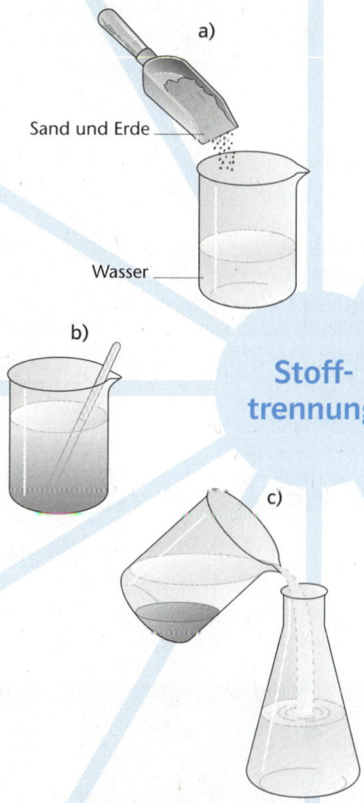

Stoff-
trennung

Stofftrennung

Einen Stoff, der nur aus einer Teilchenart besteht, bezeichnet man als Reinstoff. Die meisten Stoffe kommen in der Natur als Stoffgemische vor. Bei Gemischen liegen mindestens zwei verschiedene Teilchenarten vor. Mithilfe geeigneter Trennverfahren kann man aus Stoffgemischen die Reinstoffe gewinnen. Dabei nutzt man die unterschiedlichen Eigenschaften der verschiedenen Stoffe: Durch Filtern lässt sich z. B. Wasser von Sand trennen, weil Sand nicht wasserlöslich ist.

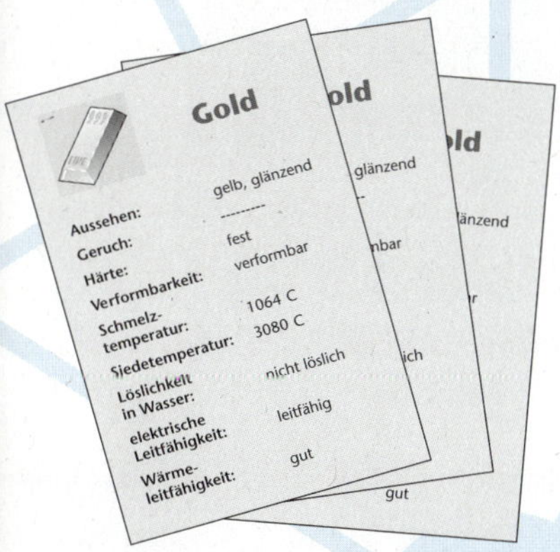

Stoffsteckbriefe

Jeder Stoff besitzt für ihn typische Stoffeigenschaften. Stellt man diese Eigenschaften in einem Steckbrief zusammen, kann man verschiedene Stoffe daran leichter unterscheiden. Einige Eigenschaften wie der Geruch oder das Aussehen eines Stoffes lassen sich direkt mit unseren Sinnen bestimmen. Es gibt aber andere Stoffeigenschaften, die du nicht mit den Sinnen feststellen kannst. Diese musst du messen. Dazu gehören z. B. die elektrische Leitfähigkeit sowie die Schmelz- und die Siedetemperatur.

Stoffsteck-
briefe

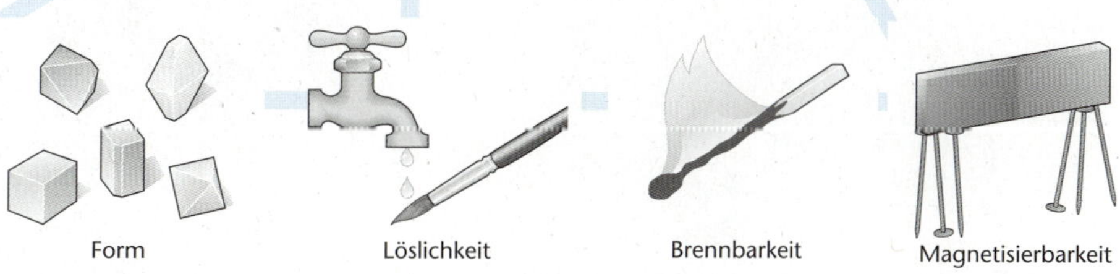

Wechsel-wirkung

„Woher kommt das, was ist die Ursache?" Dies sind Fragen, die sich Forscher häufig stellen. Um physikalische Erscheinungen verstehen und später nutzen zu können, muss man herausfinden, welche Ursache sie haben. Außerdem ist es wichtig zu wissen, wie Ursache und Wirkung genau zusammenhängen. Dann wird es möglich, Vorhersagen über die Entwicklung von Abläufen zu treffen und diese zu steuern.

Kräfte

Kräfte und ihre Wirkungen

Kräfte kannst du nicht sehen, du kannst sie nur an ihren verschiedenen Wirkungen erkennen. Diese Wirkungen nutzen wir immer wieder im Alltag.
Kräfte können die Geschwindigkeit oder die Bewegungsrichtung eines Körpers verändern oder einen Körper verformen.

Magnete

Die Magnetnadel eines Kompasses richtet sich im Magnetfeld der Erde aus. Zwischen Erdmagnetfeld und Kompassnadel besteht eine Wechselwirkung, die wir nutzen, um uns zu orientieren. Ursache für die Ausrichtung der Kompassnadel sind die Magnetfelder, die die magnetische Kompassnadel und die Erde umgeben. Diese Magnetfelder sind nicht sichtbar, aber an ihren Wirkungen zu erkennen. Wenn man zwei Magnete einander nähert, wirken sie aufeinander ein: Sie ziehen sich an oder stoßen sich ab.

Magnete

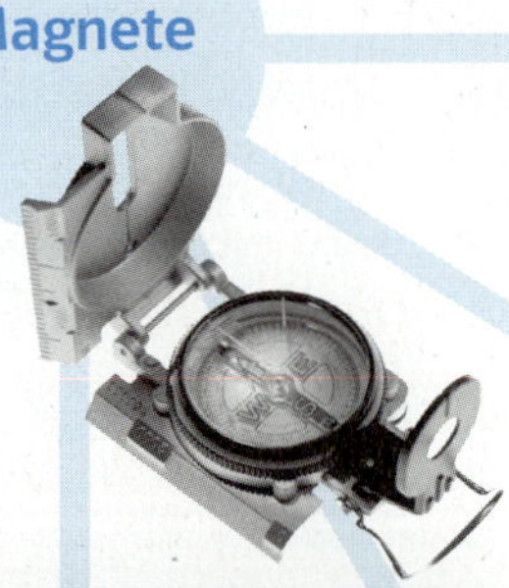

Lärm

Beim Musikhören können wir uns entspannen, ein Knall lässt uns zusammenfahren und Lärm stört uns meistens – Schall kann sehr unterschiedliche Wirkungen auf uns haben. Doch egal, ob er in Form von Musik, Lärm oder als Knall auf unser Ohr einwirkt: Wird die Schallstärke zu groß, nimmt unser Gehör Schaden. In manchen Berufen, in denen die Menschen starkem Lärm ausgesetzt sind, ist ein Lärmschutz für die Ohren Pflicht.

100 dB

Lärm

Wärme

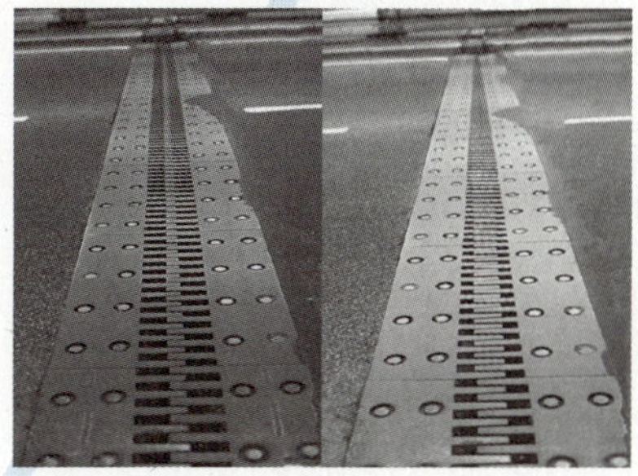

Wärme

Feste Körper dehnen sich bei Erwärmung aus und ziehen sich bei Abkühlung wieder zusammen.
Werden diese Wirkungen nicht beachtet, kann es zu bösen Überraschungen kommen.

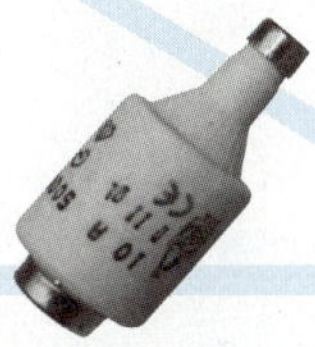

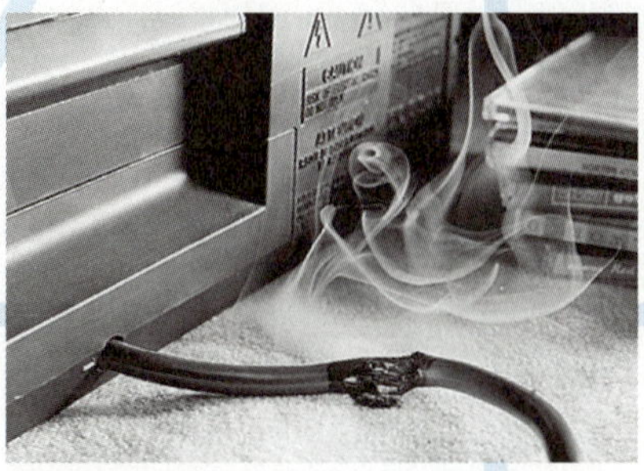

Elektrische Sicherungen

Elektrische Sicherungen

Elektrogeräte nutzen die Wirkungen des elektrischen Stroms: Er kann Wärme, Licht und Bewegung erzeugen. Fließt wegen eines Defekts in einem Gerät oder an einem Kabel ein zu großer Strom, kann durch die Wärmeentwicklung ein Brand ausgelöst werden. Um das zu verhindern, werden die Stromkreise durch Sicherungen geschützt. Sie unterbrechen den Stromkreis im Falle einer Überlastung und beseitigen die Gefahr.

Wirkungen im einfachen Stromkreis

Baust du den Stromkreis so auf, wie hier dargestellt, so werden beim Einschalten der Quelle und dem Schließen des Schalters die Zeiger der beiden Messgeräte ausschlagen und die Glühlampe wird leuchten, wenn die Stromstärke groß genug ist.
Ursache für diese sichtbaren Auswirkungen ist der elektrische Strom.

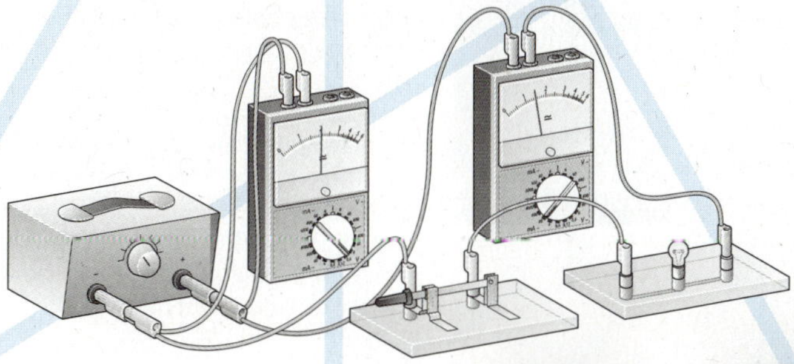

Stromkreis

System

In allen Bereichen der Physik hast du es mit Systemen zu tun. Von einem System spricht man, wenn mehrere Elemente (Einzelteile) zusammen eine Einheit bilden. Dabei erfüllt jedes Element eine bestimmte Aufgabe und trägt damit zum Funktionieren des Systems bei. In der Physik untersucht und beschreibt man die Funktion der einzelnen Elemente. Darüber hinaus wird geprüft, wie sich die Elemente des Systems gegenseitig beeinflussen und wie sich die Änderung eines Elements auf das System auswirkt.

Fahrrad

Dein Fahrrad besteht aus vielen Teilen: dem Rahmen, den Rädern, dem Lenker, der Kette etc. Jedes Teil erfüllt dabei eine bestimmte Aufgabe.
Über die Pedale setzt du mit Muskelkraft ein Zahnrad in Bewegung. Die Bewegung des Zahnrads wird über eine Kette und weitere Zahnräder auf das Hinterrad übertragen. Dadurch bewegt sich das Fahrrad vorwärts. Wenn du über die Schaltung z. B. in einen kleineren Gang wechselst, verbindet die Kette zwei andere Zahnräder. Diese Änderung bewirkt, dass du nun leichter bergauf fahren kannst.

Fahrrad

Elektrogeräte

Ein Stromkreis aus einer Lampe, einer Batterie und Leitungen bildet ein einfaches System. Wenn das System funktioniert, leuchtet die Lampe. Voraussetzung dafür ist, dass alle Elemente richtig miteinander verbunden und aufeinander abgestimmt sind. Passen z. B. Lampe und Batterie nicht zusammen, kann die Lampe kaputtgehen.

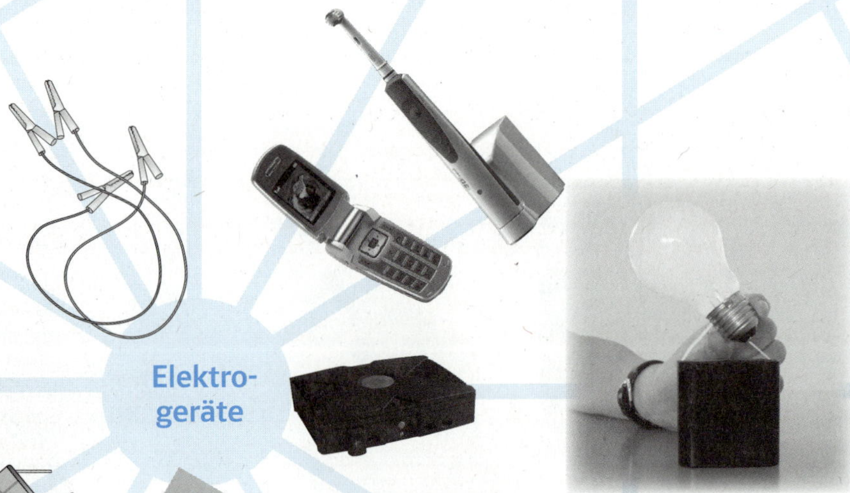

Elektrogeräte

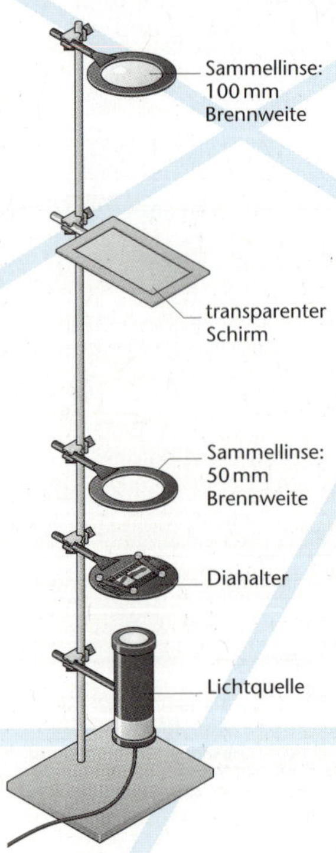

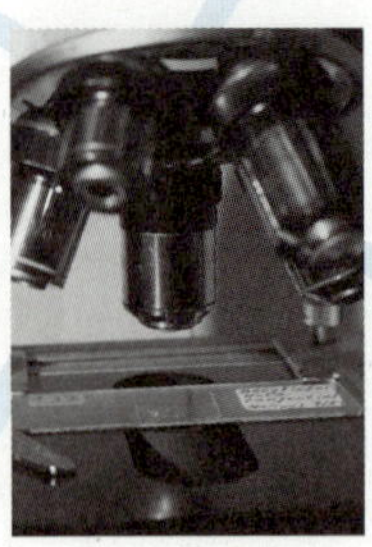

Mikroskop

Das Mikroskop enthält ein Linsensystem. Es besteht aus verschiedenen Sammel- und Zerstreuungslinsen, die in genau festgelegtem Abstand zueinander angebracht sind. Um eine andere Vergrößerung zu erreichen, wählt man für dieses System ein anderes Objektiv aus. Damit wieder ein scharfes Bild entsteht, müssen die Abstände zu den übrigen Linsen ebenfalls verändert werden.

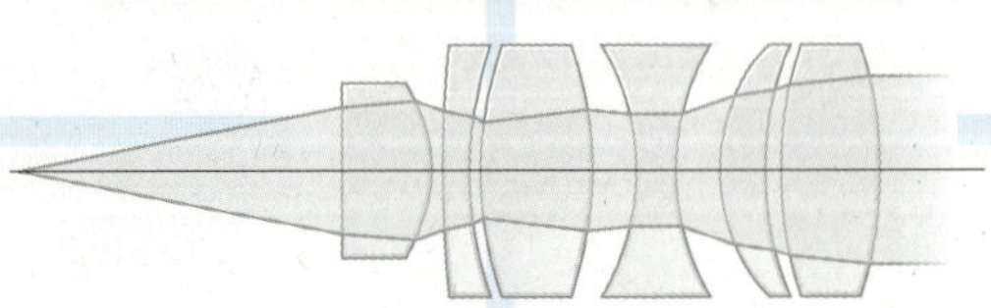

Mikroskop

Wetter

Wetter

Das Wetter ist ein sehr kompliziertes System mit einer langen Wirkungskette. Man spricht auch von einer „Wettermaschine“, bei der viele Elemente zusammenwirken. Zu diesen Elementen gehören z. B. Temperatur, Niederschlag und Luftdruck.

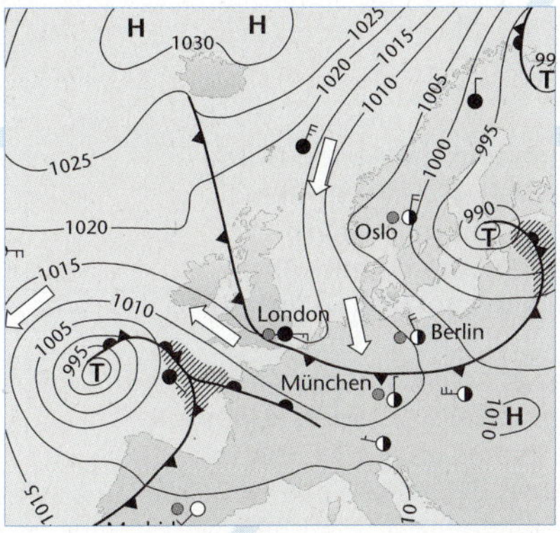

Eine Änderung des Luftdrucks nimmt Einfluss auf die Windstärke und -richtung und damit auch auf den Transport der Wolken.

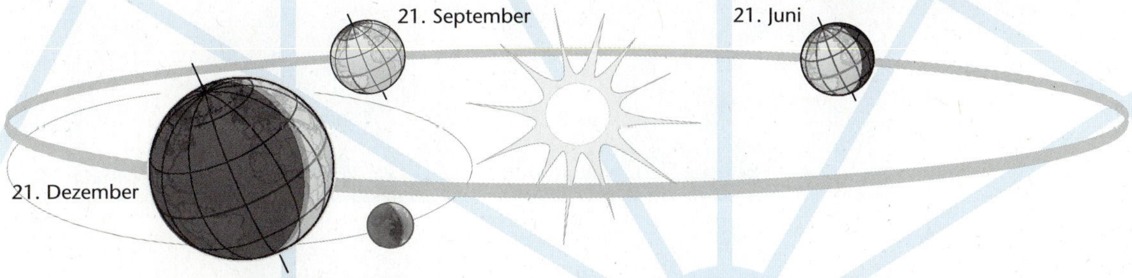

Sonnensystem

Sonne und Erde sind Teile eines Systems, in dem die Sonne das Zentrum bildet. Die Erde bewegt sich um dieses Zentrum herum. Gleichzeitig führt sie eine Drehung um die eigene Achse aus.

Sonnensystem

Folgen dieser Bewegung im System sind der Wechsel von Tag und Nacht sowie die Entstehung der Jahreszeiten.

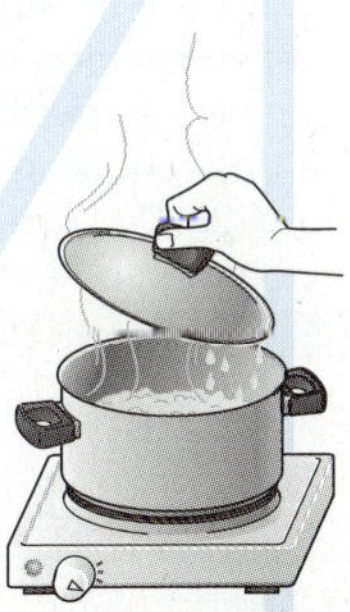

Wasserkreislauf

Die Wirkungskette beim System Wasserkreislauf besteht aus vielen Teilen: Wasser auf der Erde verdunstet durch Einwirkung der Sonnenstrahlung. Die Feuchtigkeit steigt in die Höhe, wo die feuchte Luft abkühlt. Der Wasserdampf kondensiert und es bilden sich Wolken, die der Wind forttreibt. Wenn die Wolken z. B. an einem Gebirge abregnen, gelangt die Feuchtigkeit wieder zur Erde zurück. Veränderungen in diesem System sind u. a. von den Jahreszeiten abhängig.

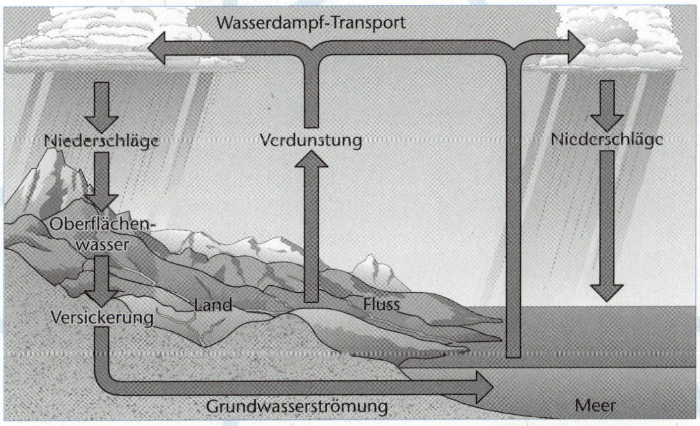

Wasserkreislauf

Energie

Energie ist eine entscheidende Größe in unserem Leben. Wo immer sich etwas bewegt, Licht oder Wärme entsteht ist auch Energie beteiligt. Energie kann in ganz unterschiedlichen Formen vorliegen, z. B. als chemische Energie gespeichert in Brennstoffen und Nahrungsmitteln, als Energie des elektrischen Stroms oder als Energie einer Bewegung. Die verschiedenen Energieformen können z. B. mithilfe von Geräten ineinander umgewandelt werden. Meist wird aber nur ein Teil der verfügbaren Energie in die gewünschte Form umgewandelt, der Rest wird in Form von Wärme an die Umgebung abgegeben.

Wind

Wind

Der Wind treibt bereits seit vielen hundert Jahren Windmühlen und Segelschiffe an. Früher wurde mit Windmühlen das Korn zu Mehl gemahlen. Heute siehst du überall im Land große Windkraftanlagen. Sie können die Bewegungsenergie direkt in elektrische Energie umwandeln. Aber sie beeinträchtigen auch das Landschaftsbild, können den Vogelzug und mit ihrem Lärm auch uns Menschen stören.

Auto

Auto

In Treibstoffen wie Benzin oder Diesel ist chemische Energie gespeichert. Um z. B. ein Fahrzeug in Bewegung zu setzen, werden diese Treibstoffe in einem Motor verbrannt.
Die chemische Energie wird in Energie der Bewegung umgewandelt. Ein Teil der beim Verbrennungsprozess freigesetzten Wärme lässt sich außerdem dazu nutzen, den Innenraum des Autos zu beheizen. Der Rest der Wärme, den man nicht mehr weiterverwenden kann, wird an die Umwelt abgegeben. Wird das Fahrzeug abgebremst, entsteht an den Bremsscheiben ebenfalls Wärme. Auch sie wird an die Umwelt abgegeben. Die Umwandlung der Energie kann in einer Umwandlungs-(Transport-)kette dargestellt werden.

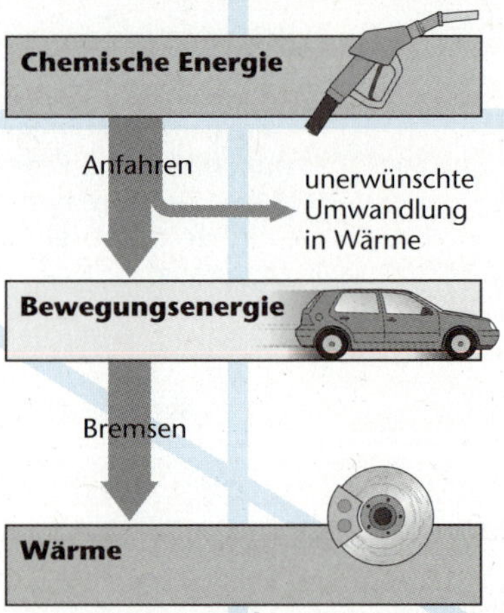

Wasser

Die Energie des Wassers nutzen die Menschen schon seit vielen Jahren. Mithilfe von Wasserrädern kann man Maschinen antreiben. Es gibt verschiedene Möglichkeiten das Rad anzutreiben: Entweder fällt das Wasser von oben auf die Schaufeln oder die Schaufeln tauchen ins Wasser ein und werden durch die Strömung bewegt. Solche großen Wasserräder, die man auch als Turbinen bezeichnet, nutzt man in jedem Wasserkraftwerk.

Wasser

Lebewesen

Täglicher Nährstoff- und Energiebedarf eines 10- bis 12-Jährigen:

Fette	65 g
Eiweiß	85 g
Kohlenhydrate	320 g
Energiebedarf	10 000 kJ

Lebewesen

Pflanzen, Tiere und Menschen brauchen Energie, um leben zu können. Während die Pflanzen die Energie des Sonnenlichts nutzen, nehmen Menschen und Tiere die Energie über die Nahrung auf. In manchen Lebensmitteln ist viel Energie gespeichert (z. B. in Zucker und fettreichen Speisen) und manche besitzen nur wenig Energie (z. B. Gurken oder Äpfel). Wir benötigen diese Energie, um unsere Körpertemperatur aufrechtzuerhalten, um uns bewegen und um arbeiten zu können. Verbraucht der Körper nicht sämtliche aufgenommene Energie, so speichert er sie in Form von Fett.

Energiegehalt verschiedener Lebensmittel (je 100 g)

Roggenbrot 920 kJ
Weizenbrot 1020 kJ
Cornflakes 1600 kJ
Reis 1480 kJ
Nudeln 1580 kJ
Pommes 880 kJ

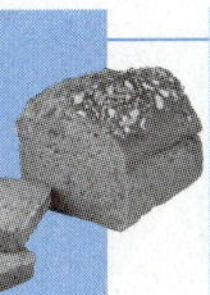

Kartoffeln (roh) 350 kJ
Banane 420 kJ
Karotten 120 kJ
Tomate 70 kJ
Gurke 35 kJ
Weintrauben 300 kJ
Orange 200 kJ
Paprikaschoten 90 kJ
Apfel 250 kJ

Schokolade 2340 kJ
Salzstangen 1350 kJ
Haselnüsse 2800 kJ
Kartoffelchips 2300 kJ
Eiscreme 850 kJ
Honig 1300 kJ

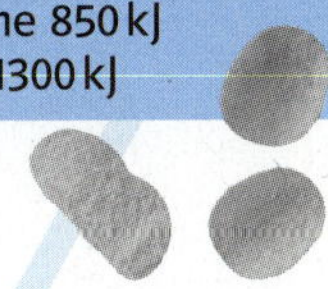

Camembert (45 % F.i.Tr.) 1200 kJ
Butter 3240 kJ
1 Ei 670 kJ
Milch (3,5 % Fett) 270 kJ
Schnitzel 680 kJ
Salami 2180 kJ
Wiener Würstchen 1100 kJ
Fischstäbchen 850 kJ
Lachs 840 kJ

Fahrradstromkreis

Fahrräder müssen mit Vorder- und Rücklicht ausgestattet sein. Wird der Dynamo zugeschaltet, muss der Radfahrer stärker in die Pedale treten. Er liefert die Energie, die durch den elektrischen Strom zu den Lampen transportiert und dort in Licht und Wärme umgewandelt wird. Bei anderen Fahrrädern werden die Lampen mit einer Batterie betrieben, in der die Energie gespeichert ist.

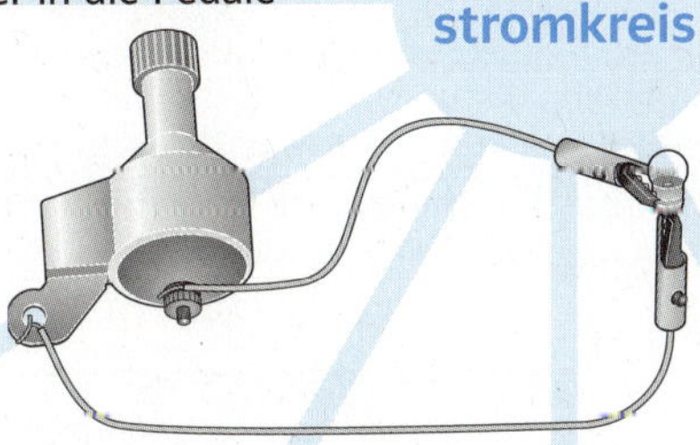

Fahrrad-stromkreis

Sonne

Die Sonnenstrahlen transportieren die Sonnenenergie zu uns. Der Mensch nutzt diese Energie der Sonne auf vielfältige Art. Solarzellen zum Beispiel, die auf Hausdächern und Parkscheinautomaten montiert sind, wandeln die Sonnenenergie direkt in elektrische Energie um.

Sonne

Bewegungsformen und Bewegungsarten

1 Beschreibe die unterschiedlichen Bewegungsformen und Bewegungsarten.

2 Ein Radfahrer fährt gleich bleibend schnell auf gerader Strecke, fährt in einen Kreisverkehr ein und verlässt diesen an der dritten Ausfahrt. Beschreibe die Bewegung des Radfahrers und verwende die in Aufgabe 1 erklärten Begriffe.

Durchschnittsgeschwindigkeit

1 Ein Radfahrer fährt die 40 km lange Strecke von Adorf nach Behausen mit einer Geschwindigkeit von 30 km/h. Auf dem Rückweg nach Adorf ist er müde geworden und fährt nur noch mit einer Geschwindigkeit von 10 km/h. Wie groß ist die Durchschnittsgeschwindigkeit des Radfahrers?

☐ 15 km/h

☐ 20 km/h

☐ 40 km/h

Begründe deine Entscheidung.

Auswertung von Bewegungsdiagrammen

1 Bei der Untersuchung der Bewegung eines Motorrads auf einer Teststrecke ergab sich das folgende *t*-*v*-Diagramm:

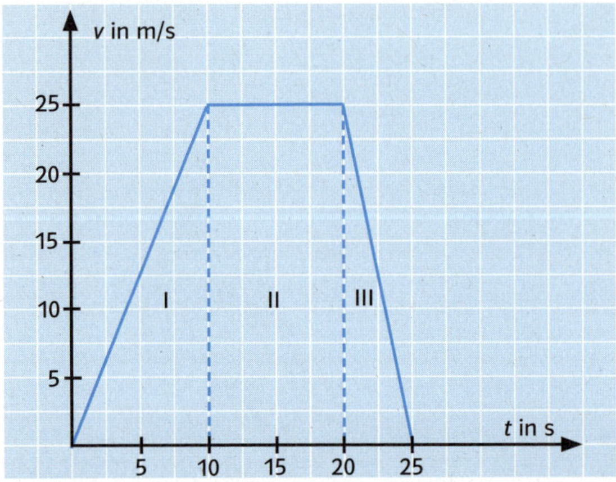

Berechne die jeweilige Beschleunigung des Motorrads in den drei Bewegungsabschnitten.

Interpretation von Bewegungsabläufen

1 Die folgende Abbildung zeigt die Position zweier Körper im zeitlichen Abstand von jeweils 0,2 s. Die Körper bewegen sich von links nach rechts.

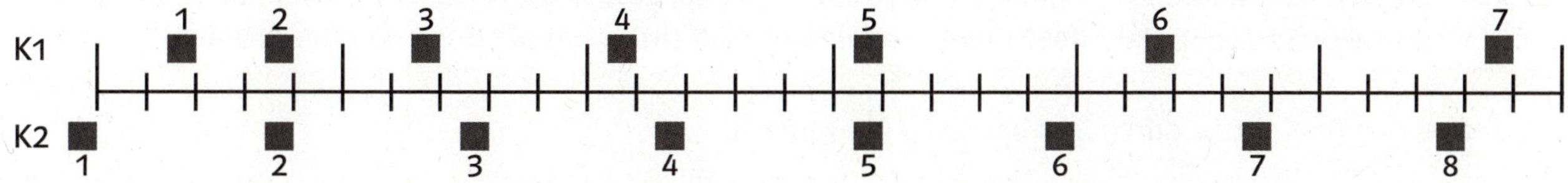

a) Erläutere, welche Art von Bewegung die beiden Körper jeweils ausführen.

b) Untersuche, ob die beiden Körper irgendwann einmal die gleiche Geschwindigkeit besitzen.

Geschwindigkeiten

1 „Klassezeiten gab es gestern beim Paris-Marathon. Der Franzose Benoit Zwierzchiewski verpasste als Erster in 2:08:18 Minuten den drei Jahre alten Streckenrekord des Kenianers Julius Ruto um eine Winzigkeit von acht Sekunden. Die Belgierin Marleen Renders verbesserte in 2:23:05 Stunden ihren eigenen Streckenrekord aus dem Jahr 2000 um 38 Sekunden." Mitteldeutsche Zeitung vom 08.04.2002

a) Lies den Text genau durch und beurteile ihn kritisch.

b) Wie groß war die tatsächliche Durchschnittsgeschwindigkeit des Siegers und wie schnell war die Siegerin im Durchschnitt?

c) Wie schnell war Julius Ruto durchschnittlich beim Aufstellen des Streckenrekords?

d) Angenommen, Julius Ruto wäre gemeinsam mit Benoit Zwierzchiewski gestartet und in der Streckenrekordzeit im Ziel angekommen. Wie viele Meter Vorsprung hätte er vor Zwierzchiewski im Ziel gehabt?

Impuls

1 Ein Nagel soll in die Wand geschlagen werden. Zur Auswahl stehen ein großer und ein kleiner Hammer, die beide auf dieselbe Geschwindigkeit gebracht werden können. Gib an, für welchen Hammer du dich entscheidest, und begründe deine Wahl.

2 Zwischen zwei Gleitern mit den Massen $m_1 = 100$ g und $m_2 = 200$ g, die auf einer Luftkissenbahn sitzen, ist eine Feder gespannt. Ein Faden verhindert, dass sie sich entspannt. Nun durchtrennt man den Faden. Beschreibe das Verhalten der beiden Körper bezugnehmend auf die Größe Impuls.

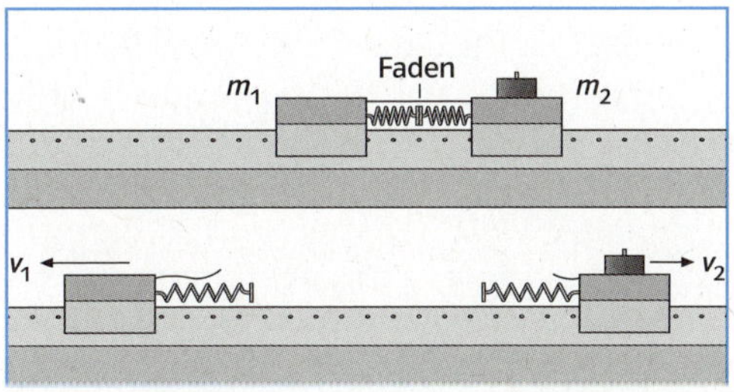

Kräfte an Körpern

1 Ein Buch liegt auf dem Tisch. Welche Kräfte aus der folgenden Liste wirken auf das Buch? Kreuze die richtigen Antworten an.

- ☐ Es wirkt eine nach unten gerichtete Gewichtskraft.
- ☐ Es wirkt eine nach oben gerichtete Kraft durch den Tisch.
- ☐ Es wirkt eine nach unten gerichtete Kraft durch den Luftdruck.
- ☐ Es wirkt eine nach oben gerichtete Kraft durch den Luftdruck.

2 Auf einem Tisch steht der abgebildete Körper.
a) Erkläre, warum man keine Wirkung der Gewichtskraft des Körpers erkennt. Beschreibe dazu die Kräftesituation am Körper.

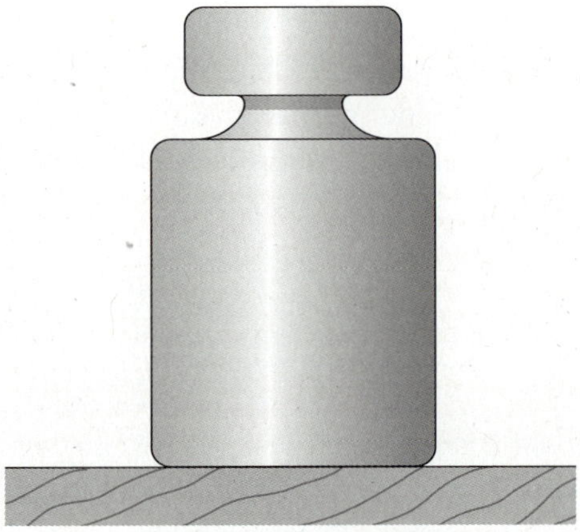

b) Der Körper steht auf einer reibungsfreien Unterlage und wird an einem Faden befestigt. Nun zieht jemand ruckartig am Faden nach rechts. Ein Schüler behauptet, das Ergebnis des Versuchs sei von der Gewichtskraft abhängig. Beurteile diese Aussage.

Wechselspiel der Kräfte

1 a) Zwei gleich schwere Jungen stehen sich auf Skateboards gegenüber. Der Junge A hält das Seil nur fest, während der Junge B kräftig daran zieht. Beschreibe, was passiert.

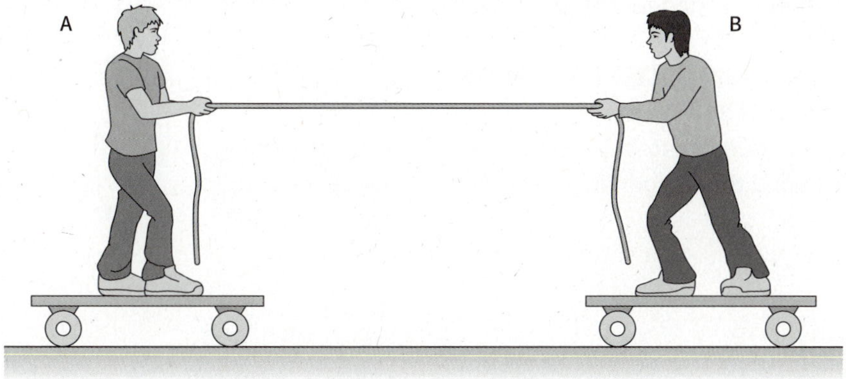

b) Laura behauptet, dass es nicht möglich sei, auf einer reibungsfreien Oberfläche zu gehen. Erörtere diese Aussage.

c) Welcher Zusammenhang besteht zwischen den beiden Skateboardfahrern und Lauras Problem?

Federkräfte

1 Bestimme aus dem abgebildeten Kraft-Längenänderungs-Diagramm folgende Daten:
a) Welche Kraft ruft eine Verlängerung der Feder um s = 1,5 cm hervor?
b) Um wie viele Zentimeter wird die Feder verlängert, wenn eine Kraft F = 15 N wirkt?
c) Welcher Zusammenhang besteht zwischen der angreifenden Kraft und der Längenänderung?

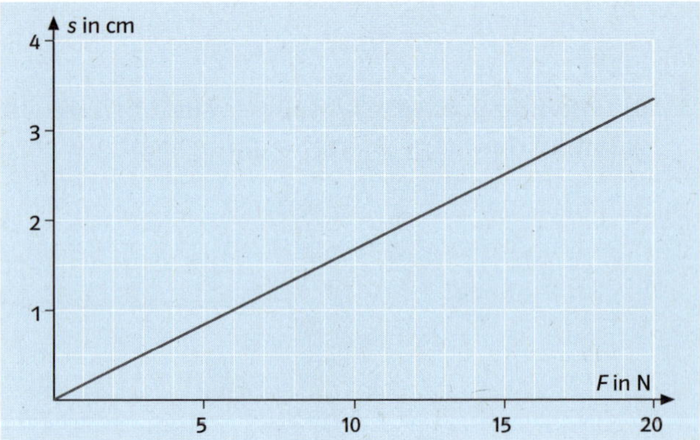

2 Für die Errichtung einer neuen elektrifizierten Bahnstrecke bieten zwei Firmen verschiedene Spannvorrichtungen für Oberleitungen an. Während die Firma 1 eine Feder als Spannvorrichtung verwendet, bietet Firma 2 Betonkörper mit Umlenkrolle an (siehe Abbildung). Bewerte die beiden Vorrichtungen und begründe, welche Variante du verwenden würdest.

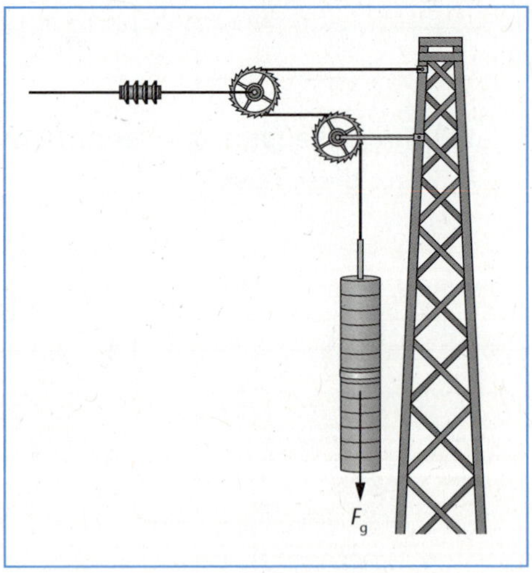

Entwicklung eines Kraftmessers

1 Kräfte kann man nicht sehen, hören oder riechen, aber man kann sie mithilfe eines Messgeräts messen.

a) Woran kann man Kräfte erkennen?

b) Erläutere das Prinzip der Kraftmessung.

c) Entwickle eine Versuchsanordnung zur Messung von Kräften.

Hebel

1 Erkläre anhand einer Skizze, was man unter einem einseitigen und einem zweiseitigen Hebel versteht.

2 Eine Doppelwaage ist wie abgebildet aufgebaut: Die erste Waage hängt an der Decke. Am Ende A hängt ein Massestück mit m_A = 10 kg, am anderen Ende hängt die zweite Waage. Das Ende der zweiten Waage ist in Punkt C am Boden befestigt. Welche Last sorgt in Punkt D dafür, dass die Doppelwaage ins Gleichgewicht kommt?

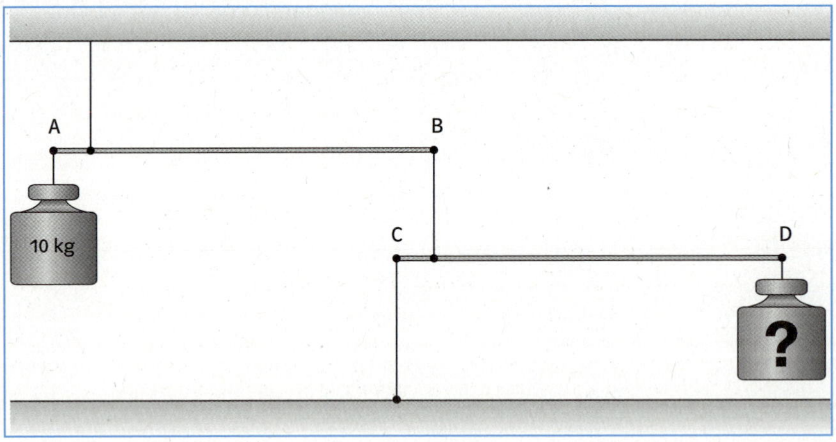

Kräftegleichgewichte

1 Ein Holzklotz und ein Eisenklotz liegen auf einer Balkenwaage, sodass sich die Waage exakt im Gleichgewicht befindet. Die Waage steht unter einer Glasglocke, aus der die Luft abgesaugt werden kann. Wird die Luft aus der Glasglocke abgesaugt, neigt sich die Balkenwaage. Die Seite mit dem Holzstück scheint schwerer geworden zu sein. Erläutere die Ursachen dieser Beobachtung.

2 Ein kleiner Stein wird an einen Federkraftmesser gehängt, um seine Gewichtskraft zu bestimmen. Nun stellt man ein halbvoll mit Wasser gefülltes Becherglas auf eine Waage. Was zeigen der Federkraftmesser und die Waage an, wenn der Stein in das Becherglas eintaucht? Erkläre das Ergebnis dieses Versuchs.

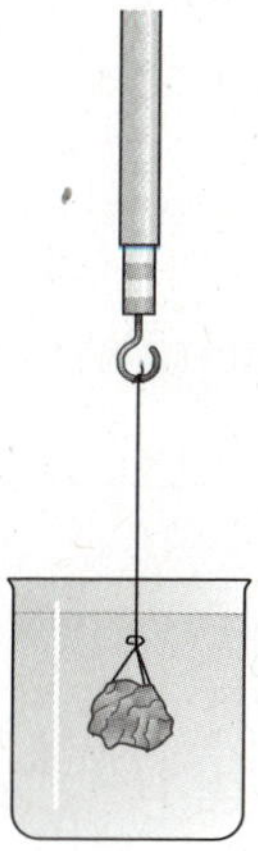

Eintauchtiefe und Tragfähigkeit

1 Ein zylindrischer Becher mit der Masse m_B = 200 g, der Grundfläche A = 30 cm² und der Höhe h = 10 cm schwimmt in Wasser.

a) Berechne, wie tief der Becher einsinkt.

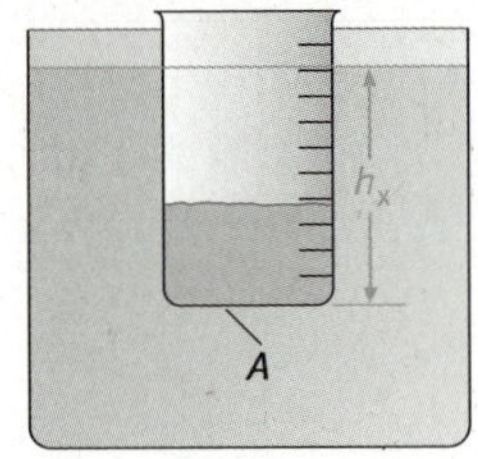

b) Berechne, wie viel cm³ Sand der Dichte ρ_{Sand} = 1,5 g/cm³ maximal in den Becher gefüllt werden können, bevor er untergeht.

Druck

1 Drei Regentonnen sind bis zum Rand mit Wasser gefüllt und haben ein Loch. Aus welcher Tonne spritzt das Wasser mit der größten Geschwindigkeit? Begründe.

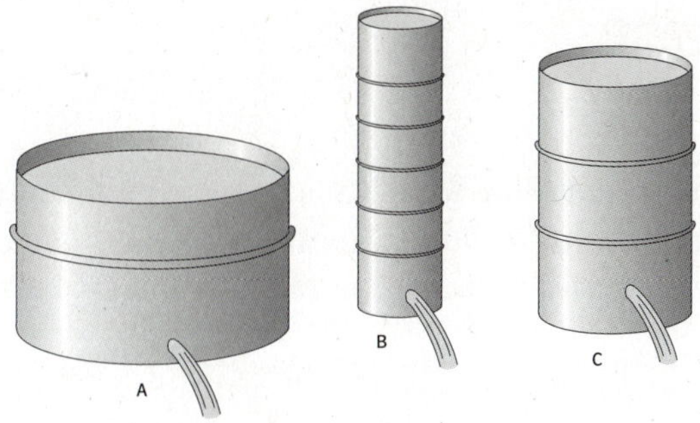

2 Mit einer hydraulischen Hebebühne soll ein Körper der Gewichtskraft $F_G = 60\,kN$ um 2 m angehoben werden. Die Fläche des kleinen Kolbens an der Pumpe beträgt $5\,cm^2$, die des großen Kolbens für die Hebebühne beträgt $400\,cm^2$.

a) Berechne den Druck in der Flüssigkeit.

b) Berechne die notwendige Kraft am Pumpenkolben.

c) Gib an, um welche Wegstrecke der Pumpenkolben bewegt werden muss.

Münzentest

1 Besteht eine 5-Cent-Münze tatsächlich aus reinem Kupfer? Entwickle einen Versuch, um die Antwort auf diese Frage herauszufinden. Zur Durchführung des Versuchs stehen dir beliebig viele Münzen, eine Küchenwaage, ein Messbecher, ein Magnet und ein Lineal zur Verfügung.

Modellvorstellungen

1 „Unsere Modelle entsprechen ihren Vorbildern in Aussehen und Funktion." Diesen Satz könnte man so oder ähnlich in einem Spielzeugkatalog finden. Überprüfe die Gültigkeit dieser Aussage für ein Modell, das in den Naturwissenschaften verwendet wird.

2 Gießt man zu 30 cm^3 Wasser weitere 30 cm^3, so erhält man ein Gesamtvolumen von 60 cm^3. Gießt man jedoch stattdessen 30 cm^3 Alkohol zum Wasser, misst man ein Gesamtvolumen von 58,6 cm^3. Erkläre diese Beobachtung.

Elektrische Stromkreise und Schaltpläne

1 In der Abbildung siehst du eine elektrische Schaltung. Zeichne den Schaltplan dazu.

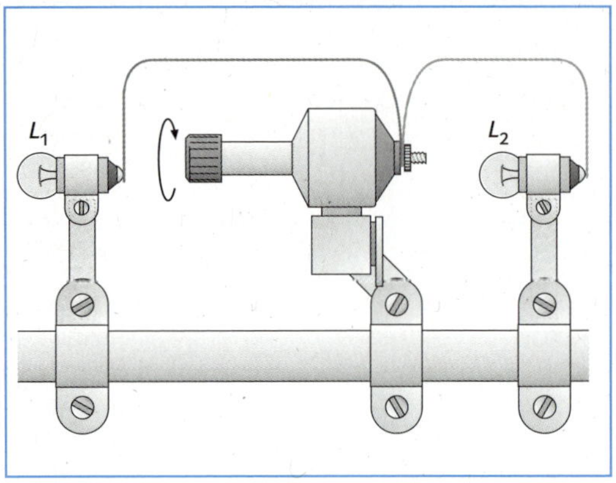

2 Beschreibe die Eigenschaften der abgebildeten Schaltung. Nenne eine Anwendungsmöglichkeit dieser Schaltung.

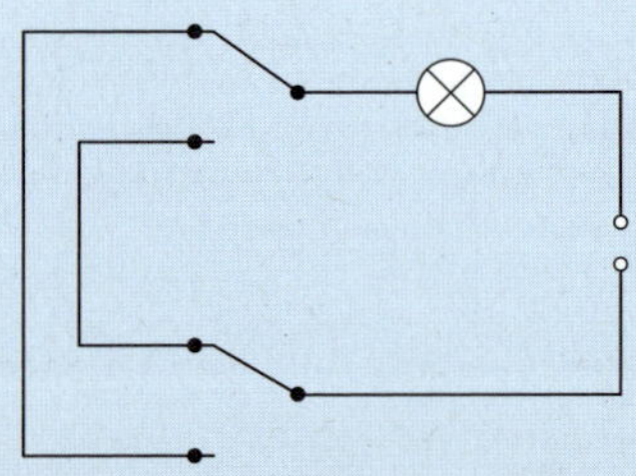

3 a) Eine Papier-Schneidemaschine kann sehr dicke Papierstapel schneiden. Damit die Maschine funktioniert, muss ein Arbeiter zwei Schalter gleichzeitig betätigen. Erstelle den Plan einer Schaltung, die diese Bedingung erfüllt (ersetze die Maschine durch eine Lampe).

b) Wie wird solch eine Schaltung genannt? Beschreibe den Zweck, der mit dieser Schaltung verfolgt wird.

Vorstellungen vom elektrischen Stromkreis

1 Ein Schüler hat folgende Vorstellung vom elektrischen Stromkreis: „Im elektrischen Stromkreis fließt ein bestimmter Stoff von der Stromquelle zum Verbraucher. Dort wandelt er sich in einen anderen Stoff um und der unverbrauchte Rest fließt zur Quelle zurück."

Nimm Stellung zu dieser Aussage. Beschreibe bzw. skizziere geeignete Versuche, die deine Argumentation unterstützen.

Modelle für den elektrischen Stromkreis

1 Um die Vorgänge in einem elektrischen Stromkreis besser verstehen zu können, werden Modellvorstellungen entwickelt. Eine davon ist das Fahrradketten-Modell.

a) Ergänze das zum Element des Fahrradkettenmodells passende Element des elektrischen Stromkreises.

Kette: ______________________ Kettenglieder: ______________________

vorderes Kettenrad: ______________________ hinteres Kettenrad: ______________________

b) Ein Modell kann oft nur einen bestimmten Bereich der Wirklichkeit abbilden. Beschreibe zwei elektrische Stromkreise, die durch das Fahrradkettenmodell nicht dargestellt werden können.

2 Versuch 1: Wir betrachten ein Wasserrad zu zwei verschiedenen Zeitpunkten – vor und nach einem Regenguss. Weil der Bach nach dem Regen angeschwollen ist, dreht sich das Wasserrad schneller.

Versuch 2: Wir schließen eine Lampe an eine regelbare elektrische Quelle an. Verändert man die Spannung der Quelle, so ändert sich auch die Helligkeit der Lampe.

Erkläre die Bedeutung des Begriffs „Stromstärke" für den ersten und für den zweiten Versuch. Beschreibe Gemeinsamkeiten und Unterschiede.

Strom- und Spannungsmessung

1 Verbinde die Geräte in den beiden Zeichnungen jeweils so miteinander, dass die Lampe leuchtet und die Stromstärke im Stromkreis bzw. der Spannungsabfall (die Potenzialdifferenz) an der Lampe gemessen wird.

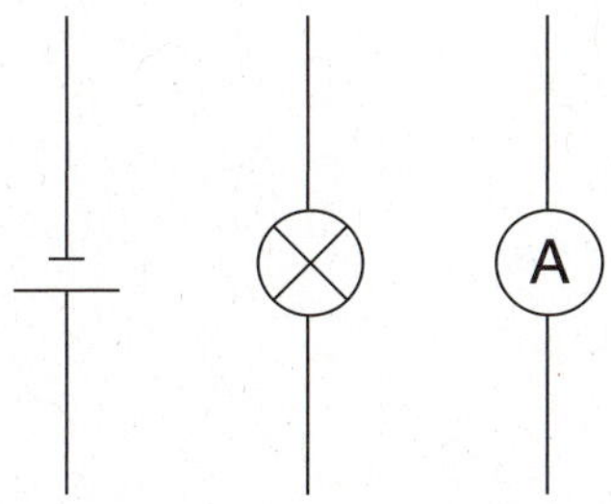

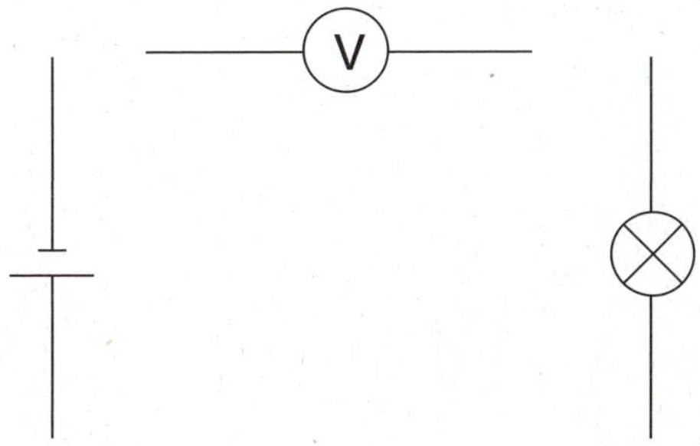

2 Die meisten digitalen Messgeräte sind so genannte Multimeter. Sie können sowohl als Voltmeter als auch Amperemeter eingesetzt werden. Welche Funktion sollte in der Schaltung für das Messgerät A und welche für das Messgerät B gewählt werden? Begründe.

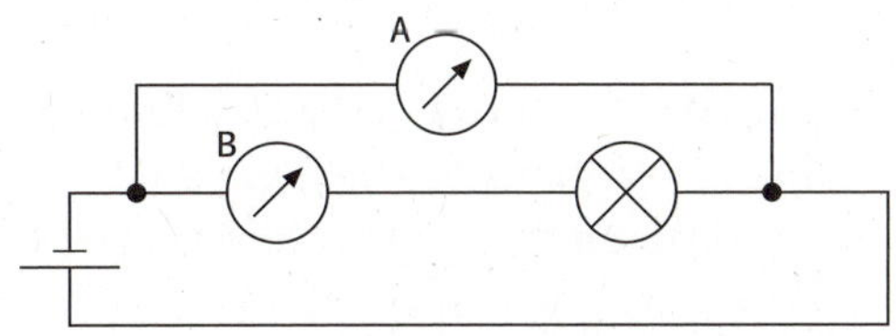

3 In einem Zimmer wird ein Lichtseilsystem installiert. Weil das Zimmer sehr lang ist, hat der Elektriker die beiden Drähte des Lichtseilsystems jeweils auf das Doppelte verlängert und weitere Lampen ergänzt. Nun leuchtet die Lampe am Ende des Beleuchtungssystems nur noch sehr schwach. Untersuche das dargestellte Problem.

Reihen- und Parallelschaltungen

1 In der Abbildung siehst du eine elektrische Schaltung. Zeichne den zugehörigen Schaltplan.

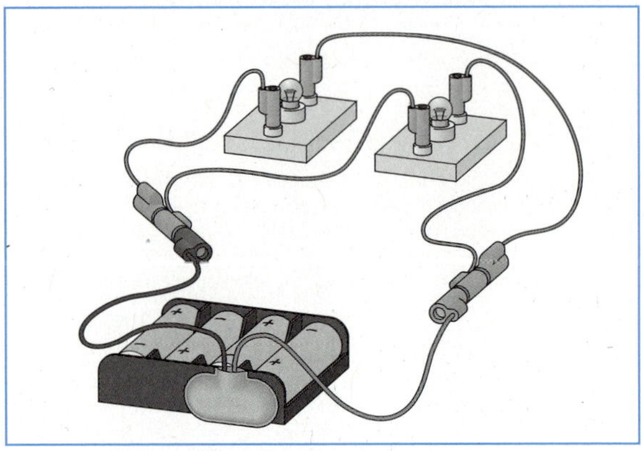

2 Die Abbildung zeigt eine Schaltung mit mehreren gleichen Glühlampen. S1 bis S4 bezeichnen die Schalter im Stromkreis.

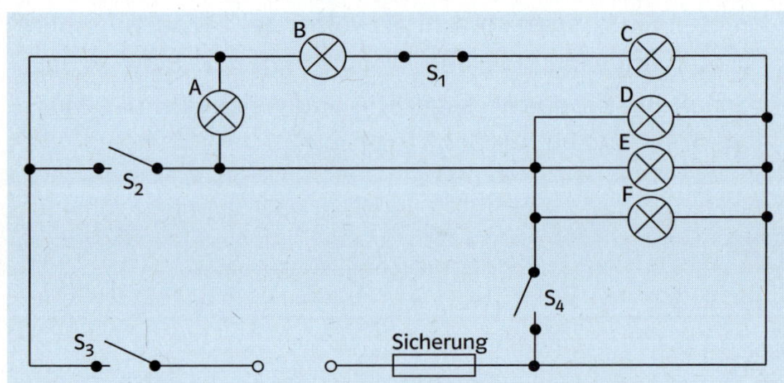

a) Beschreibe, was bei den folgenden Schalterstellungen im Stromkreis zu beobachten ist:

S2, S4 offen; S1, S3 geschlossen: ______

S1, S2, S4 offen; S3 geschlossen: ______

S1 offen; S2, S3, S4 geschlossen: ______

b) Warum leuchten die Lampen B und C immer gleich hell?

______

______

______

c) Wie müssen die Schalter stehen, damit nur Lampe A leuchtet?

______

______

______

Schalter in Reihen- und Parallelschaltungen

1 Betrachte die Schaltungen in der Abbildung. Dort sollen jeweils Schalter eingebaut werden.

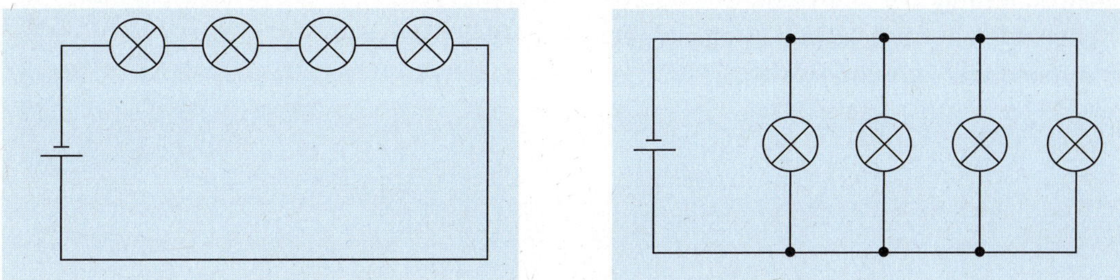

An welcher Stelle müsstest du die Schalter einbauen, um – wenn möglich – ...

a) ... alle Lampen gleichzeitig ein- oder ausschalten zu können?

b) ... jede Lampe einzeln ein- und ausschalten zu können?

2 Drei Glühlampen sind zusammengeschaltet. Wird Lampe A herausgedreht, leuchten noch die Lampen B und C. Dreht man Lampe B heraus, leuchtet nur Lampe A.

a) Gib an, welche der drei Schaltungen die Bedingungen erfüllt. Begründe.

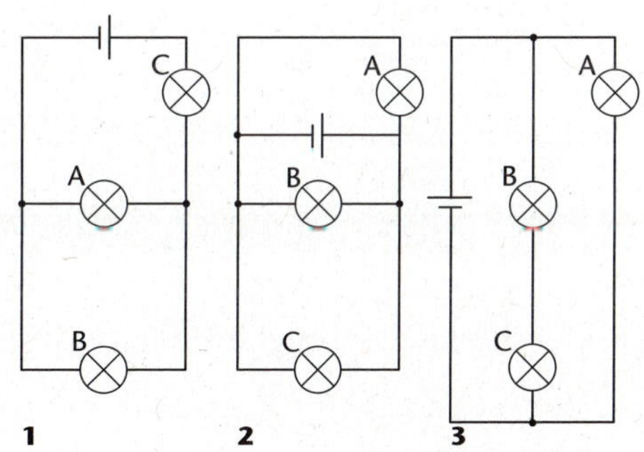

b) Zeichne eine Schaltung mit vier Lampen, für die Folgendes gilt: Dreht man Lampe A heraus, leuchtet keine Lampe. Dreht man Lampe D heraus, erlischt Lampe C, während die Lampen A und B leuchten.

Reihen- und Parallelschaltung von Spannungsquellen

1 Die Abbildung zeigt vier Batterien (die Batteriespannung beträgt jeweils 1,2 Volt) in einer Halterung. Die Spannung (die Potenzialdifferenz) zwischen den beiden Kabelenden beträgt 4,8 Volt. Stelle in geeigneter Weise dar, wie die Batterien miteinander verbunden sind.

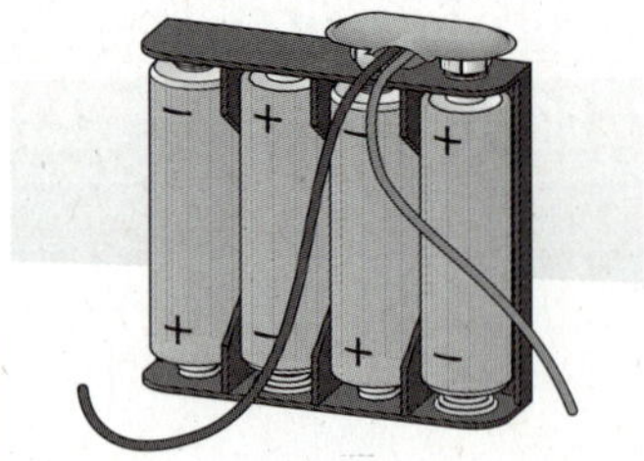

2 In einer anderen Halterung sind die Batterien auf eine andere Weise miteinander verbunden. Zwischen den Kabelenden wird eine Spannung (Potenzialdifferenz) von 2,4 Volt gemessen. Stelle in geeigneter Weise dar, wie die Batterien nun miteinander verbunden sind.

3 Beschreibe die Unterschiede zwischen den beiden Schaltungen in Aufgabe 1 und 2.

Spannung und Strom bei Reihen- und Parallelschaltung

1 Lichterketten z. B. für den Weihnachtsbaum können unterschiedlich viele Lämpchen haben. Manche haben nur 10 andere dagegen 50 Lämpchen. Die Lichterketten werden direkt an die Steckdose angeschlossen. Fällt ein Lämpchen aus, leuchten auch alle anderen Lämpchen nicht mehr.

a) Erkläre, wie man die Nennspannung für jeweils ein Lämpchen in einer Lichterkette mit 10, 35 und 50 Lämpchen bestimmt.

b) Auf der Lampenpackung steht: „Defekte Lampen dürfen nur gegen den gleichen Lampentyp ausgetauscht werden." Begründe diese Angabe.

2 Klaus hat in seiner Waschküche nur eine Steckdose. Seine Waschmaschine und den Wäschetrockner schließt er dort über eine Mehrfachsteckdose an. Als Klaus beide Geräte gleichzeitig in Betrieb nimmt, schmort ein Kabel durch. Erläutere, wie es zu diesem Kabelbrand kommen konnte.

Berechnungen in Reihen- und Parallelschaltungen

1 Zwei Lampen sind in Reihe geschaltet.

a) Die Spannung (die Potenzialdifferenz) zwischen den Punkten D und E beträgt 8 Volt. Bestimme die Spannung (die Potenzialdifferenz) zwischen den Punkten A und C.

b) Die Spannung (die Potenzialdifferenz) zwischen den Punkten B und C beträgt 6 Volt. Bestimme die Spannung (die Potenzialdifferenz) zwischen den Punkten A und B.

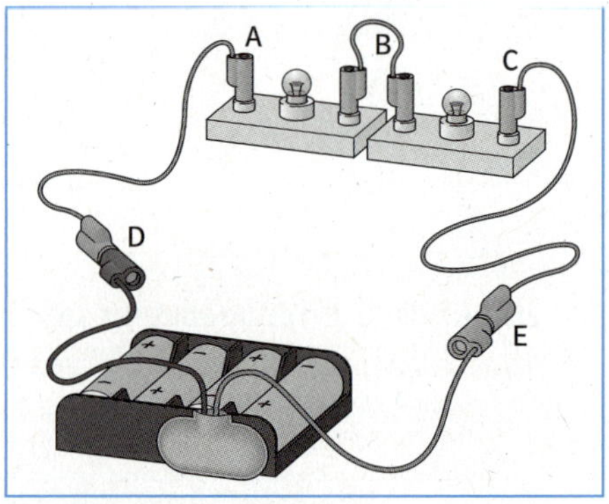

2 Die Abbildung zeigt eine Schaltung mit zwei Glühlampen. Die Stromstärke I_1 beträgt 5 Ampere und die Stromstärke I_2 beträgt 3 Ampere.

a) Formuliere die Knotenregel:

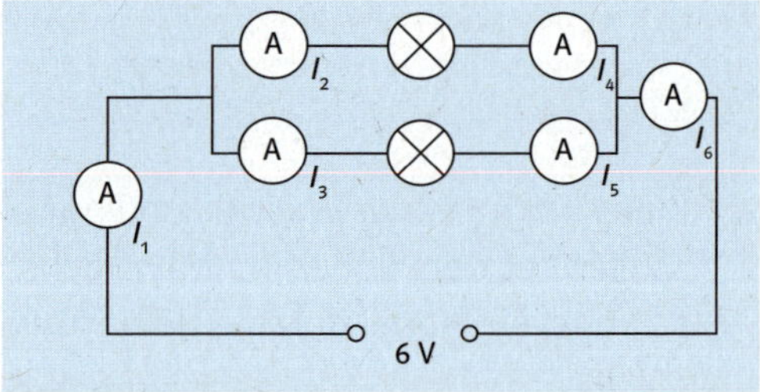

b) Berechne die Stromstärken I_3, I_4, I_5 und I_6.

Elektrischer Widerstand

1 An einen Konstantandraht wird eine Spannung angelegt und schrittweise von 1 Volt bis 7 Volt erhöht. Gleichzeitig wird die Stromstärke im Stromkreis gemessen. Die Messwerte werden in ein Diagramm eingetragen und miteinander verbunden.

a) Zeichne eine Versuchsskizze zu diesem Versuch.

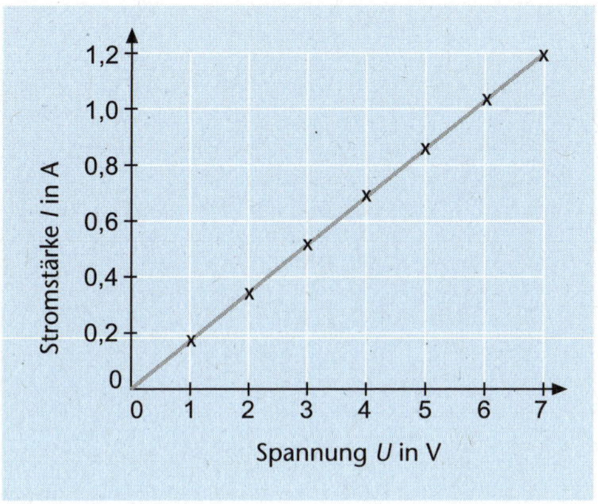

b) Welche Besonderheit weist das Diagramm auf?

c) Begründe, warum die einzelnen Messwerte miteinander verbunden werden dürfen.

d) Bestimme den Widerstandswert des Konstantandrahts.

e) Bestimme die Stärke des Stroms, der bei einer Spannung von 4 Volt durch den Konstantandraht fließt.

Widerstände und Kennlinien

1 Untersuche die Kennlinien der drei Leiter bezüglich ihrer Widerstände.

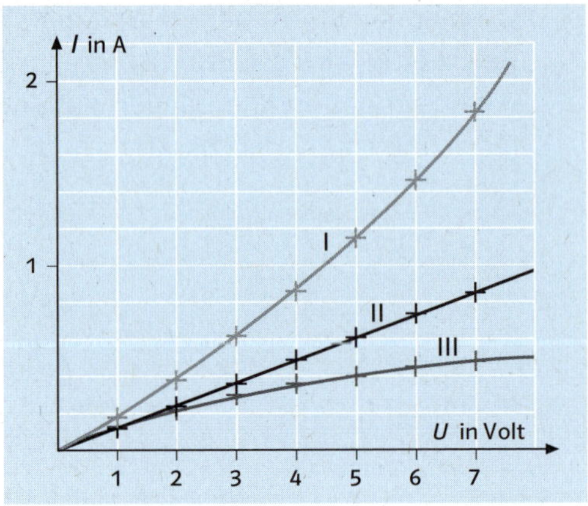

2 Bei einem Leiter wurde die Stromstärke in Abhängigkeit von der Spannung gemessen. Es ergaben sich folgende Werte:

Spannung *U* in Volt	1,0	2,0	3,0	4,0	5,0	6,0
Stromstärke *I* in Ampere	0,15	0,20	0,24	0,28	0,31	0,35

a) Zeichne die *U*-*I*-Kennlinie des Leiters.

b) Bestimme mithilfe der Kennlinie die Stromstärke bei einer Spannung von 4,5 V.

c) Wie groß ist die Spannung bei einer Stromstärke von 0,18 A?

d) Mache eine Aussage über den Widerstand des Leiters.

Spezifischer Widerstand

1 a) Zwischen zwei Halterungen ist ein Leiter mit einer Länge von L = 2 m und einer Querschnittsfläche von A = 0,01 mm² eingespannt. Bei einer Spannung von U = 2 V fließt ein Strom von I = 0,57 A. Die Tabelle gibt den Widerstandswert eines 1 m langen Leiters mit einer Querschnittsfläche von 0,01 mm² an. Diese Größe heißt spezifischer Widerstand. Bestimme mithilfe der Tabelle, aus welchem Material der Leiter besteht.

Material	Kupfer	Aluminium	Wolfram	Nickel	Eisen	Blei	Konstantan
Spez. Widerstand ρ in $\Omega \cdot 0{,}01\ mm^2/m$ bei 20 °C	1,78	2,64	5,6	8,7	13,0	22,0	50,0

b) Mit einem Widerstandsmessgerät wird der Widerstandswert eines 53 m langen Drahts zu R = 30 Ω bestimmt. Die Querschnittsfläche beträgt A = 0,15 mm². Bestimme das Material, aus dem der Leiter besteht.

2 Ein Konstantandraht soll einen Widerstandswert von R = 30 Ω haben. Gib an, wie sich die Abmessungen des Leiterstücks bestimmen lassen.

Wirkungen des elektrischen Stroms I

1 Mit einem Relais kann ein Lastkreis über einen Steuerkreis geschaltet werden. Erkläre anhand der Abbildung die Funktionsweise eines Relais.

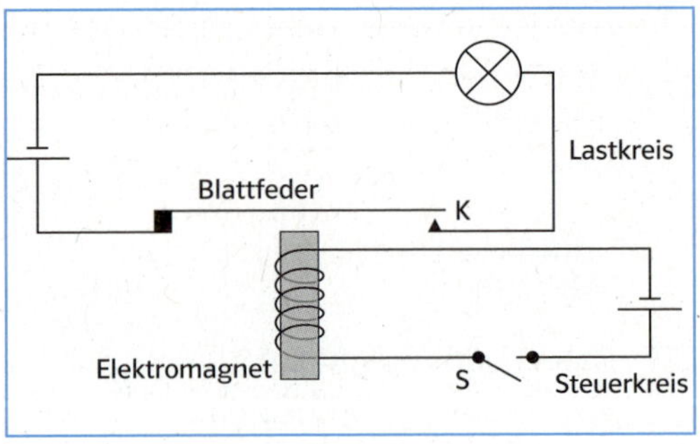

2 Dir liegt folgende Versuchsanleitung vor:
Durchbohre ein leichtes Holzbrettchen an zwei Enden. Stecke durch die eine Bohrung einen Eisennagel, durch die andere einen langen Kupferdraht, sodass beide einige Zentimeter nach unten aus dem Brettchen ragen. Wickle das lange Ende des Kupferdrahts zu einer Spule und verbinde das freie Drahtende leitend mit dem Nagel. Setzt man das Brettchen auf eine Salzlösung, so richtet es sich immer in Nord-Süd-Richtung aus. Finde eine Erklärung für dieses Versuchsergebnis.

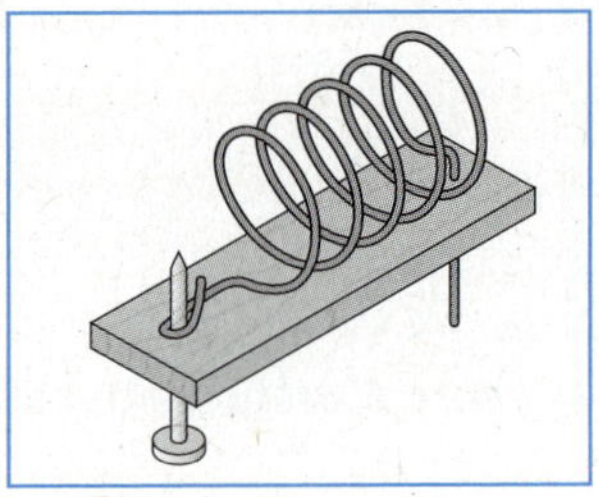

Wirkungen des elektrischen Stroms II

1 Ein Metalldraht ist aus unzähligen Atomen aufgebaut. Dabei gibt es eine Besonderheit: Jedes Metallatom hat eines seiner Elektronen abgegeben. Diese Elektronen bewegen sich frei und ungeordnet im Draht. Die zurückbleibenden Atomrümpfe sind regelmäßig angeordnet und haben einen festen Platz, um den sie schwingen. Wird eine Spannung an den Enden des Metalldrahts angelegt, passiert, modellhaft dargestellt, Folgendes: Die negativ geladenen freien Elektronen bewegen sich zwar immer noch durcheinander, gleichzeitig werden sie aber durch den Draht langsam zum Pluspol getrieben. Dabei stoßen sie immer wieder mit Atomrümpfen zusammen, die auf ihrem Weg liegen. Dadurch werden die Elektronen in ihrer Bewegung behindert, sie kommen nicht mehr ungestört voran.

a) Unterstreiche alle Textstellen, die den elektrischen Leitungsvorgang in einem metallischen Leiter beschreiben.

b) Definiere in Worten den elektrischen Widerstandswert *R* eines Leiters oder eines Bauteils.

c) Beschreibe, welchen Bezug der im Text beschriebene Sachverhalt zu einer leuchtenden Glühlampe hat.

Elektrostatik

1 Zieht man einen Pullover über seine frisch gewaschenen Haare, stehen sie anschließend manchmal zu Berge. Nenne zwei weitere Beispiele zu demselben Sachverhalt.

2 Ein Kunststoffstab wird an einem Lappen gerieben. Anschließend berührt man den Stab an verschiedenen Stellen mit einer Glimmlampe.

a) Formuliere deine Beobachtungen.

b) Der Kunststoffstab wird erneut am Lappen gerieben und dann kurz an eine Metallkugel gehalten. Nun berührt man die Metallkugel an verschiedenen Stellen mit der Glimmlampe. Formuliere deine Beobachtungen und erkläre.

3 Zwei Metallkugeln sind isoliert befestigt und so angeordnet, dass sie sich berühren. Ein zuvor an einem Lappen geriebener Kunststoffstab wird der rechten Metallkugel bis auf einen Abstand von etwa 2 cm angenähert (a). Anschließend trennt man die beiden Metallkugeln (b). Beschreibe, was der Test mit der Glimmlampe ergibt. Ergänze zur Erklärung die Ladungen in den beiden Abbildungen.

a)

b)

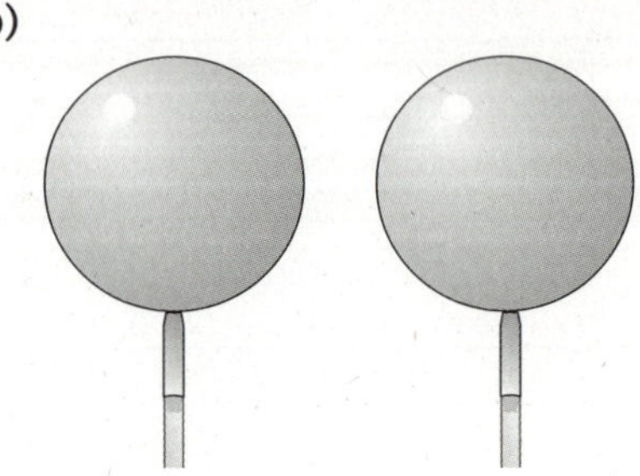

Bewegte Ladung

1 In einem luftleer gepumpten Glaskolben sind ein Glühdraht und eine Metallplatte eingeschmolzen. Diese haben Anschlüsse nach außen. Nun wird die Metallplatte mit einem Elektroskop verbunden und dieses positiv aufgeladen.

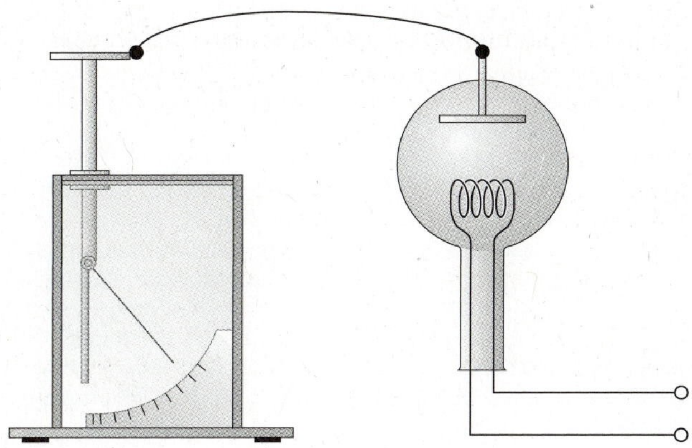

a) Zeichne in die Abbildung die Ladungsverteilung ein.
b) Nun erhitzt man den Glühdraht und beobachtet das Elektroskop. Beschreibe, was passiert und erkläre die Beobachtung.

c) Was ändert sich, wenn das Elektroskop negativ aufgeladen wird, bevor man es mit der Metallplatte verbindet? Begründe deine Ausführungen.

Bildnachweis

U.1.1 Klett-Archiv (Thomas Weccard); **15** Werlein, Jens, Schwäbisch Gmünd; **28.1** Mauritius (Pele), Mittenwald; **28.2** Avenue Images GmbH (image100), Hamburg; **28.3** Klett-Archiv (Markus Hanselmann), Stuttgart; **32.2** FOCUS, Hamburg; **32.4** Klett-Archiv (Hartmut Fahrenhorst), Stuttgart; **32.5** Klett-Archiv (Gert Elsner), Stuttgart; **32.6** iStockphoto (RF/Alexander Mikula), Calgary, Alberta; **32.8** IVB-Report, Kappelrodeck; **33.2; 33.3; 33.4** Klett-Archiv (Zuckerfabrik digital), Stuttgart; **33.5** Gesellschaft für technische Zusammenarbeit, Eschborn; **34.1** Fotosearch Stock Photography (RF), Waukesha, WI; **34.2** StockFood GmbH (Aurora Photos S.L.), München; **34.3** Mauritius (fact), Mittenwald; **34.4** Klett-Archiv (Zuckerfabrik digital), Stuttgart; **34.5** Oed, Hans-Günther, Unkel; **34.6** Mauritius (Ridder), Mittenwald; **34.7** Das Fotoarchiv (Jochen Tack), Essen; **34.8** Westend61 (Creativ Studio Heinemann), Fürstenfeldbruck; **35.1** Picture-Alliance (W. Weihs), Frankfurt; **35.2; 35.3** Klett-Archiv, Stuttgart; **35.4** Ursula Eckert, Ottobrunn; **35.5** GEYER AG, Nürnberg; **35.6** Picture-Alliance (dpa/gms Hekatron Gruber Brandschutz), Frankfurt; **35.7** Leupold, Johann, Wendisch-Evern; **35.9** Klett-Archiv (Peter Wessels), Stuttgart; **35.10** Klett-Archiv, Stuttgart; **36.2** Mauritius (Andy Ridder), Mittenwald; **36.3** Braun Elektrotechnik GmbH, Stuttgart; **36.5** MEV Verlag GmbH, Augsburg; **36.6** Klett-Archiv (Markus Hanselmann), Stuttgart; **36.7** Klett-Archiv (Ute Schuhmacher), Stuttgart; **36.8** Ingram Publishing, Tattenhall Chester; **36.10** Klett-Archiv (Aribert Jung), Stuttgart; **36.11** Image 100, Berlin; **38.2** Photothek.net Gbr (H. Mollenhauer), Radevormwald; **38.3** PhotoAlto (Isabelle Rozenbaum & Frédéric Cirou), Paris; **38.5** Corbis (Richard Gross), Düsseldorf; **39.1** Inmagine (Brand X Pictures), Houston TX; **39.2** iStockphoto (RF/Jorge Sa), Calgary, Alberta; **39.3; 39.4** MEV Verlag GmbH, Augsburg; **39.5** StockFood GmbH (FoodPhotogr. Eising), München; **39.6** Leupold, Johann, Wendisch-Evern; **39.8** www.bilderbox.com (Wodicka), Thening; **39.9** Klett-Archiv, Stuttgart; **39.10** Fotosearch Stock Photography (PhotoDisc), Waukesha, WI; **59.2** Obi@Otto GmbH, Hamburg

Nicht in allen Fällen war es uns möglich, den Rechteinhaber der Abbildungen ausfindig zu machen. Berechtigte Ansprüche werden selbstverständlich im Rahmen der üblichen Vereinbarungen abgegolten.

Kompetenztest Physik Lösungen

1

Schallschwingungen

1 Variante A, Stimmgabel mit Wasserglas: Ein Becherglas wird vollständig mit Wasser gefüllt. Eine Stimmgabel wird kräftig mit einem Anschlaghammer angeschlagen. Eine der Zinken der schwingenden Stimmgabel wird einige Millimeter in das Wasser eingetaucht. Die schwingende Zinke verspritzt einen Teil des Wassers.

Variante B, berußte Glasplatte: Eine Glasplatte wird mit einer Kerze durch schnelles Hin- und Herbewegen dicht über der Flamme berußt. Eine Schreibspitze aus dünnem Blech kann mit Alleskleber an der Stimmgabel befestigt werden. Die Stimmgabel wird kräftig angeschlagen und mit der Schreibspitze leicht auf die berußte Glasplatte aufgesetzt und schnell geradlinig und gleichförmig über die Platte gezogen. Als Graph ergibt sich eine Schwingungskurve.

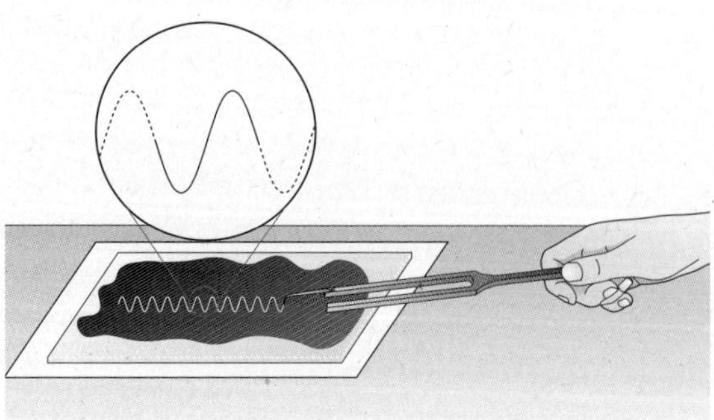

Variante C, Monochord: Mehrere Papierreiter werden auf eine Saite eines Monochords gelegt. Die Saite wird angezupft. Alle Papierreiter springen von der Saite herunter.

2 a) Ton mit gleicher Tonhöhe, aber geringerer Lautstärke

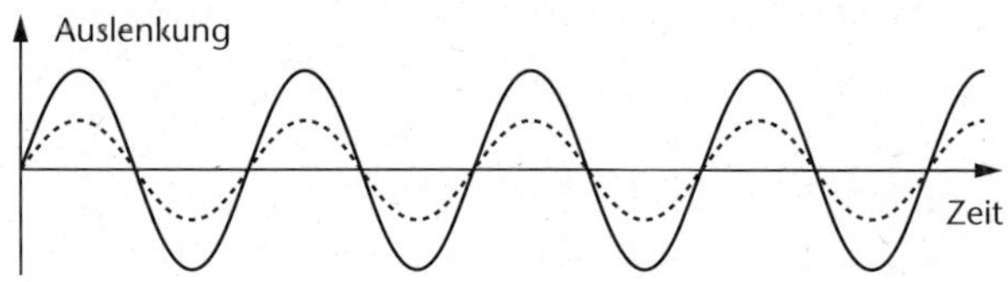

b) Ton mit gleicher Lautstärke, der aber höher ist

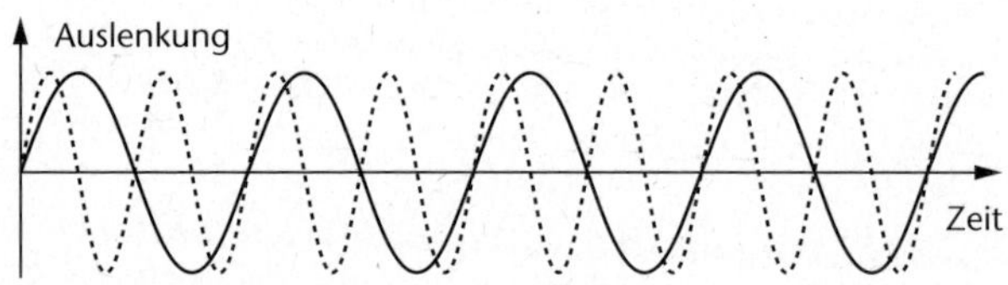

c) Ton mit gleicher Lautstärke, der tiefer ist

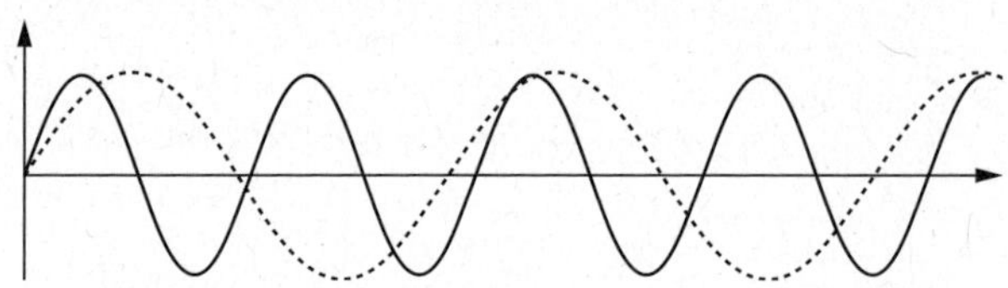

d) Ton mit größerer Lautstärke, der tiefer ist

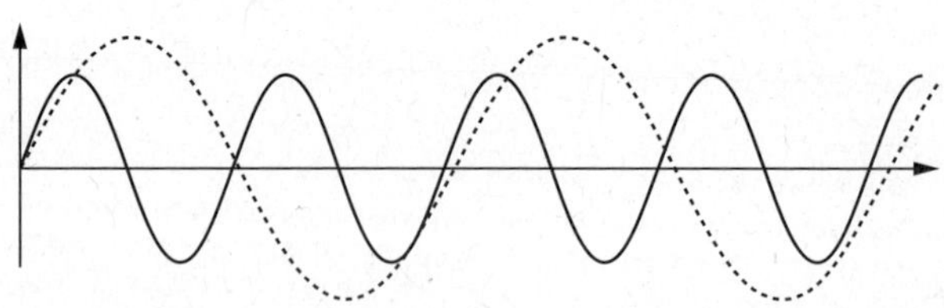

Schallausbreitung

1 Die Schallgeschwindigkeit in Luft beträgt ungefähr 340 m/s, der Schall des Donners legt also in drei Sekunden rund einen Kilometer zurück. Das Licht des Blitzes ist dagegen sofort zu sehen,

weil das Licht für einen Kilometer nur 3 Millionstel Sekunden benötigt.

2 a) Mithilfe eines Weckers und einer Vakuumglocke lässt sich nachweisen, dass Schall zur Ausbreitung einen Träger benötigt. Man legt den klingelnden Wecker auf weichen Schaumgummi und stülpt eine Glasglocke darüber. Pumpt man nun die Luft aus der Glasglocke ab, so wird der Ton immer leiser, bis er schließlich gar nicht mehr zu hören ist. Damit ist nachgewiesen, dass der Schall sich ohne einen Träger – in diesem Fall Luft – nicht ausbreiten kann.

b) Luft kann man sich als eine Menge von Teilchen vorstellen. Eine schwingende Membran stößt die angrenzenden Luftteilchen zur Seite. Die Luftteilchen geben den Stoß – mit geringer Verzögerung – weiter an ihre benachbarten Teilchen. Bewegt sich die Membran zurück, füllt die angrenzende Luft den frei werdenden Raum aus. Die so erzeugten Luftverdichtungen und -verdünnungen wandern von der Schallquelle weg und breiten sich als Schallwelle in alle Richtungen aus.

Als Modell für die Ausbreitung von Schall in Luft kann z. B. die Schwingung einer an beiden Enden befestigten Schraubenfeder herangezogen werden. Zunächst besitzen alle Windungen den gleichen Abstand. Bewegt man ein Ende der Feder periodisch hin und her, laufen abwechselnd Verdichtungen und Verdünnungen der aneinander gekoppelten Windungen durch die Feder, es entsteht eine Welle. Im Falle des Schraubenfedermodells breitet sich diese Welle jedoch nur in eine Richtung aus.

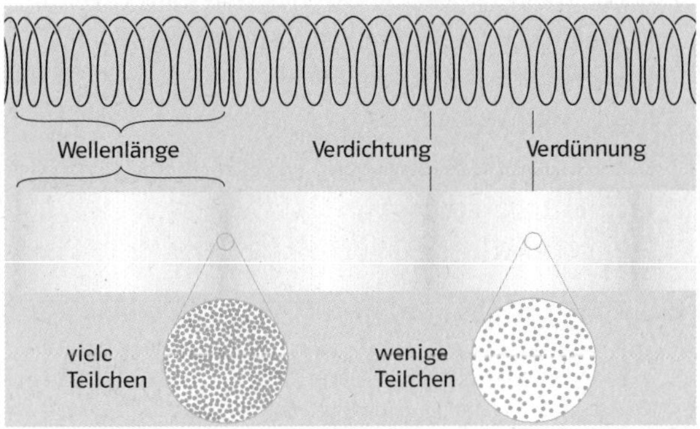

Schallgeschwindigkeit

1 Das Experiment müssen zwei Personen ausführen. Man sucht sich einen Ort, an dem man eine etwa 340 m lange, gerade Strecke absteckt. Die Strecke sollte ruhig gelegen und nicht von Autos befahren sein. Man benötigt zwei Bretter und eine Stoppuhr.

Die Bretter werden zusammengeschlagen. Der Zeitnehmer startet die Stoppuhr, wenn er das Signal sieht und hält die Uhr an, wenn das Geräusch zu hören ist. Das Ergebnis ist die Zeit, die der Schall in der Luft für eine Strecke von 340 m braucht.

Um Messungenauigkeiten auszugleichen, sollte der Versuch mehrmals durchgeführt werden. Aus den Ergebnissen berechnet man dann die durchschnittliche Schallgeschwindigkeit in Luft, deren genauer Wert bei 340 m/s liegt.

2 a) Ein Echo ist die deutlich hörbare Wiederholung eines direkten kurzen Schallsignals durch Reflexion an ausgedehnten Hindernissen, wie z. B. Bergwänden oder Waldrändern.

b) In der Zeit $t = 4\,s$ legt der Schall eine Strecke von $s = v \cdot t = 340\,m/s \cdot 4\,s = 1360\,m$ zurück. Diese Strecke entspricht der doppelten Entfernung von der Felswand, da der Schall ja den Hin- und Rückweg zurücklegen muss. Damit hält sich der Wanderer in einer Entfernung von 680 m zur Felswand auf.

c) Schallwellen zeichnen sich durch folgende Eigenschaften aus:
- Reflexion (Beispiel: Echo)
- Beugung (Schallausbreitung in einem Nebenzimmer)
- Brechung (Schallwellen können abgelenkt werden)
- Ausbreitungsgeschwindigkeit (Schallwellen breiten sich in verschiedenen Medien unterschiedlich schnell aus)

Schallphänomene

1 Bei den unterschiedlich langen Blattfedern handelt es sich um schwingungsfähige Körper. Sie werden durch einen Lautsprecher zum Mitschwingen angeregt. Stimmt die Frequenz der Schwingungen des Lautsprechers mit der Eigenfrequenz einer der Blattfedern überein, beginnt diese besonders stark zu schwingen.

2 Die Bezeichnung Resonanzkasten ist falsch. Der Klangkörper eines Instrumentes soll alle Töne, die gespielt werden, gleichermaßen verstärken. Würde bei bestimmten Tönen Resonanz auftreten, würden diese viel lauter erklingen. Zwar hat auch der Klangkörper eine bestimmte Eigenfrequenz, diese liegt aber tiefer oder höher als alle Töne, die auf dem Instrument gespielt werden können.

Eigenschaften des Lichts

1 Das beleuchtete Buch reflektiert das Licht ungerichtet. Ein Teil des Lichts gelangt in die Augen des Lesers, daher ist Abbildung C die richtige Darstellung.

2 Die Handwerker nutzen bei diesem Verfahren aus, dass sich Licht geradlinig ausbreitet.

3 Die Öffnungen der zwei Pappröhren werden so aufeinander gerichtet, dass ein Zwischenraum von etwa 30 cm bleibt. Wird der Raum völlig abgedunkelt und das Licht in der einen Pappröhre angeschaltet, bleibt es zwischen den beiden Röhren dunkel. Das Licht fällt in die zweite Pappröhre und wird von der schwarzen Oberfläche absorbiert. Nur wenn das Licht auf Staubteilchen fällt, werden diese sichtbar. Das Licht wird dann in unsere Augen gestreut.

Lichtausbreitung

1 In der gezeigten Versuchsanordnung trifft auf jeden Punkt des Schirms Licht von jedem Punkt der Flamme. Man erkennt erst dann ein Bild, wenn man eine Lochblende zwischen die Kerze und den Schirm stellt. Dann erzeugt jeder Punkt der Kerzenflamme einen Lichtfleck. Alle Lichtflecke zusammen ergeben ein Bild der Flamme.

2 Bei großer Blendenöffnung entstehen große Lichtflecke, die sich überlappen und ein helles, aber verschwommenes Bild ergeben. Je kleiner die Blendenöffnung, desto schärfer, aber auch lichtschwächer ist das Bild.

3 Im Raum erscheint ein Bild, das ohne den schnell bewegten Stock nicht zu sehen ist. Der Anteil des vom Beamer ausgesandten Lichts, der am Zeigestock reflektiert wird, wird für den Betrachter sichtbar. Durch die Bewegung des Stocks werden so ständig andere Bereiche des projizierten Bildes sichtbar, die sich bei ausreichend schneller Stockbewegung zu einem Gesamtbild zusammensetzen.

Licht und Schatten

1 Körper 2, 8: quadratische Schatten bei Beleuchtung von oben; Körper 6, 7: quadratische Schatten bei Beleuchtung von vorn; Körper 3, 4, 6: kreisförmige Schatten bei Beleuchtung von oben

2 Wird ein Gegenstand von zwei Lichtquellen beleuchtet, entstehen zwei Halbschattenräume. In die Halbschattenräume gelangt nur das Licht einer Lichtquelle. Den Bereich, in dem sich die Halbschatten überlagern, nennt man Kernschattenraum. In diesen Bereich gelangen von keiner der beiden Lichtquellen Lichtstrahlen.

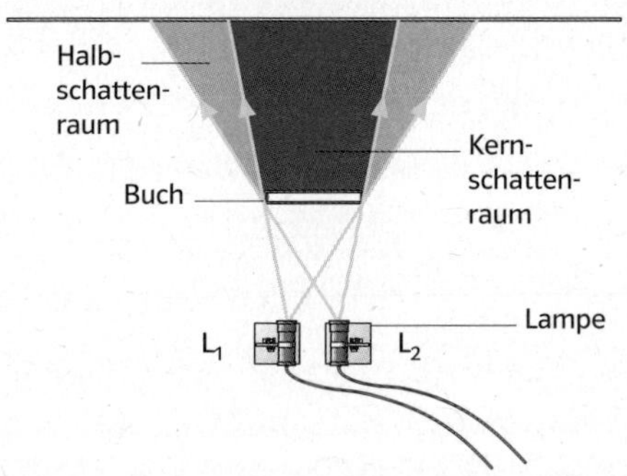

3 Ausgedehnte Lichtquellen wie Leuchtstoffröhren kann man sich aus vielen punktförmigen Lichtquellen zusammengesetzt vorstellen. Sie leuchten einen Raum gleichmäßiger aus als eine einzelne punktförmige Lichtquelle. Da das Licht von mehreren Punkten ausgeht, wird eine Schattenbildung verringert. Es entstehen keine Schattenbereiche mit scharfen Rändern.

Körper im Licht

1 a) Der Gegenstand erscheint aus allen Richtungen betrachtet hell.
Das Licht wird vom weißen Blatt Papier ungerichtet gestreut und gelangt daher an allen Orten ins Auge.
b) Der Gegenstand erscheint aus fast allen Richtungen betrachtet dunkel.
Der Spiegel reflektiert das einfallende Licht nur in eine Richtung, es gilt hierbei Einfallswinkel gleich Reflexionswinkel. Daher erscheint der Spiegel nur aus einer Richtung betrachtet hell.
c) Einzelne Bereiche des Gegenstands bleiben bei der Betrachtung aus allen Richtungen dunkel.
Die Oberfläche der zerknitterten Aluminiumfolie kann man sich aus vielen kleinen Spiegelflächen zusammengesetzt vorstellen. Einige dieser Flächen sind immer so ausgerichtet, dass sie das Licht in die Richtung des Betrachters reflektieren und erscheinen deshalb hell, während der Rest der Aluminiumfolie dunkel bleibt.
d) Der Gegenstand erscheint aus allen Richtungen betrachtet dunkel.
Das schwarze Blatt Papier absorbiert das auftreffende Licht und erscheint daher aus allen Richtungen dunkel.

2 Das von den Lampen an die Decke abgestrahlte Licht wird von der Decke ungerichtet reflektiert. Die Gegenstände des Zimmers werden daher aus mehreren Richtungen beleuchtet, sodass nur sehr helle Schatten entstehen.

Reflexion des Lichts

1
1 Spiegel	2 einfallender Strahl
3 reflektierter Strahl	4 Lot
5 Einfallswinkel	6 Reflexionswinkel

2 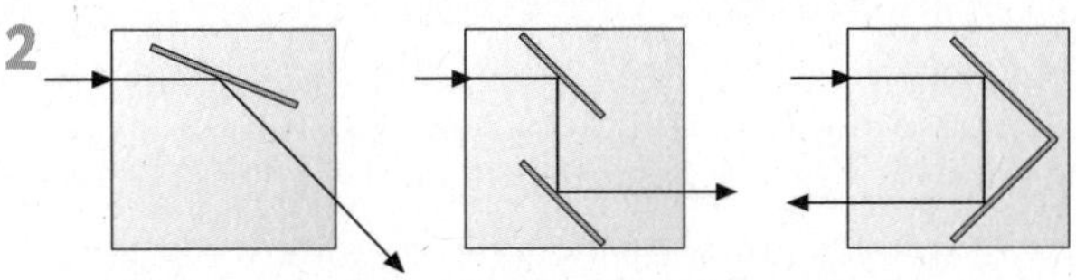

3 Trifft der Lichtstrahl senkrecht auf den Spiegel auf, wird er in sich reflektiert ($\alpha = \alpha' = 0°$). Allgemein gilt: Einfallswinkel α und Reflexionswinkel α' sind gleich groß. Die Abweichungen zwischen α und α' sind auf Messungenauigkeiten zurückzuführen.

Spiegelbilder

1 [x] Auch im Spiegelbild ist der linke Ärmel nach oben gekrempelt.

[ ] Im Spiegelbild sind rechts und links vertauscht, jetzt ist der rechte Ärmel nach oben gekrempelt.

Links und rechts sind subjektive Orientierungen. Entscheidend für die Angabe ist die Blickrichtung des Beobachters. Für den Beobachter vor dem Spiegel ist daher ebenfalls der linke Ärmel hochgekrempelt. Wenn das Spiegelbild leben würde, hätte es die entgegengesetzte Auffassung von links und rechts und würde angeben, der rechte Ärmel sei hochgekrempelt.

2 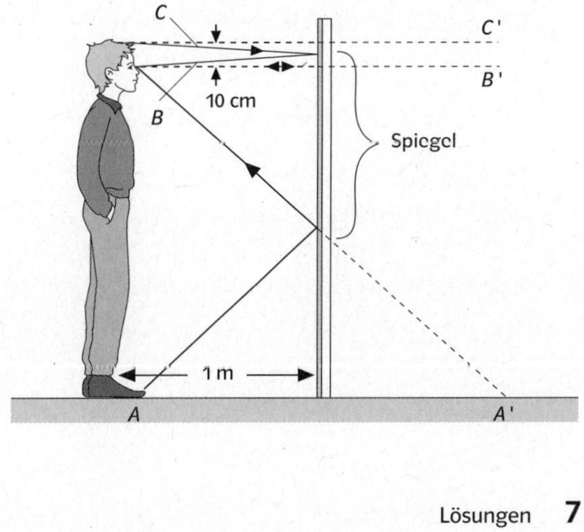

☐ Der Spiegel darf höchstens einen Abstand von 80 cm zum Fußboden besitzen.

☒ Der Spiegel darf höchstens einen Abstand von 75 cm zum Fußboden besitzen.

☐ Der Spiegel muss bis zum Fußboden gehen.

☐ Die Höhe der Spiegelunterkante ist nicht entscheidend. Es kommt auf den Abstand der Person zum Spiegel an.

Aus der Konstruktion des Spiegelbilds ergibt sich, dass der Abstand zwischen Spiegelunterkante und Fußboden maximal die „halbe Augenhöhe" – also 75 cm – betragen darf.

3 Bei Einsatzfahrzeugen der Polizei, Feuerwehr oder bei Notarztwagen findet man solche spiegelbildlichen Aufschriften. Die Einsatzfahrzeuge nähern sich den anderen Verkehrsteilnehmern von hinten. Im Rückspiegel wird der Schriftzug dieser Fahrzeuge gespiegelt, also für den Fahrer richtig lesbar, dargestellt.

Licht an Grenzflächen

1 Der Junge trifft die Münze mit dem Stab nicht. Durch die Brechung des Lichts erscheint die Münze für ihn an einer anderen Stelle als sie sich tatsächlich befindet.

2 a)

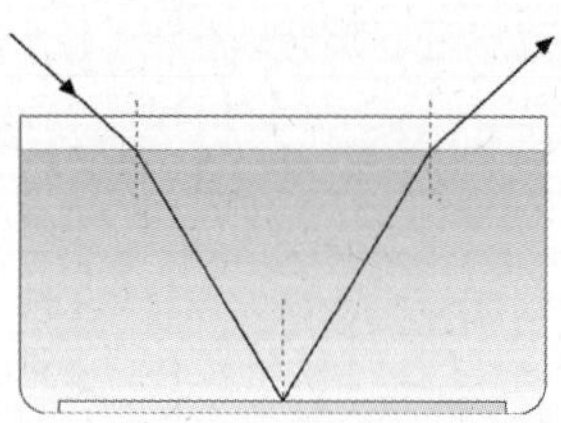

b)

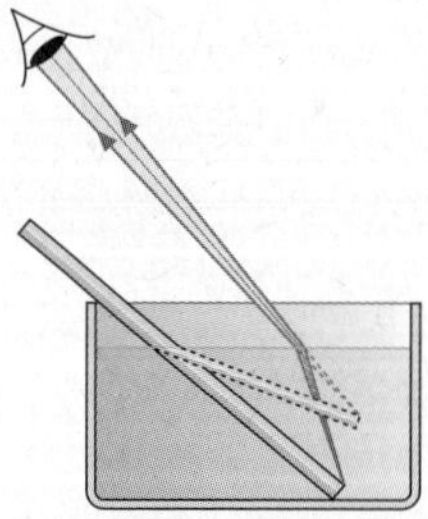

Untersuchung der Lichtbrechung

1 a) ☐ Einfallswinkel α und Brechungswinkel β sind proportional zueinander.

☒ Trifft der Lichtstrahl senkrecht auf den Glaskörper, geht er ungebrochen durch.

☒ Der Brechungswinkel β ist stets kleiner als der Winkel α.

☒ Für keinen Winkel α wird der Winkel β größer als 45°.

b) Links: Brechungswinkel β = 28°
Rechts: Brechungswinkel β' = 30°

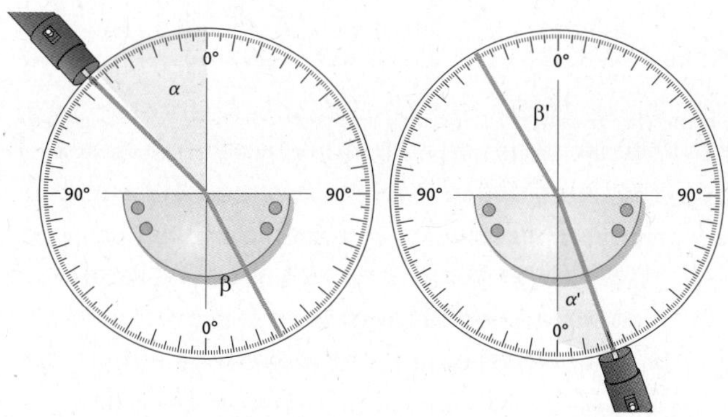

Die Tabelle unter 1a gilt für die Brechung eines Lichtstrahls an der Grenzfläche von Luft zu Glas. Da der Lichtweg umkehrbar ist, kann sie auch zur Bestimmung des Brechungswinkels beim Übergang von Glas in Luft (Abbildung rechts) verwendet werden. Es müssen dann Einfalls- und Brechungswinkel vertauscht werden.

Totalreflexion

1 ☐ Medium A ist optisch dichter.

☒ Medium B ist optisch dichter.

Totalreflexion tritt an der Grenzfläche von einem optisch dichteren zu einem optisch dünneren Medium (z. B. von der optisch dichteren kalten Luftschicht zu der vergleichsweise wärmeren und damit optisch dünneren Luftschicht) auf. Bedingung ist, dass der Winkel, unter dem der Lichtstrahl auf die Grenzfläche auftrifft, einen bestimmten Grenzwert überschreitet. Daher ist Medium B das optisch dichtere Medium.

2

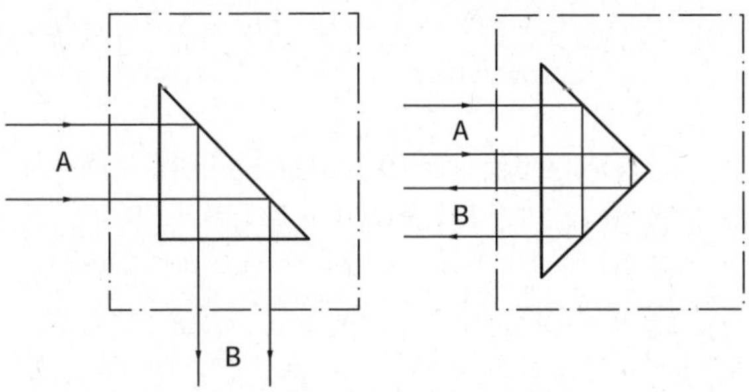

3 Tritt ein Lichtbündel vom optisch dichteren zum optisch **dünneren** Stoff über (z. B. von **Glas/Wasser** nach **Luft**), so wird es vom Lot **weg gebrochen** (wie Lichtstrahl Nr. 2). Ein Teil des Lichtbündels wird **reflektiert**. Bei zunehmendem Einfallswinkel nimmt der reflektierte Anteil des Lichts zu (Lichtstrahl Nr. 6). Ab einem bestimmten Einfallswinkel (Winkel ε) wird das Lichtbündel **vollständig** an der Grenzfläche reflektiert.

Erzeugung von farbigem Licht

1 Das weiße Licht wird durch das Glasprisma in seine Spektralfarben aufgefächert. Auf dem Schirm sieht man die Farben Rot, Orange, Gelb, Grün, Blau und Violett (von oben nach unten).

2 Spektralfarben können nicht weiter aufgespaltet werden. Der Lichtstrahl einer Spektralfarbe wird am Glasprisma zweimal gebrochen.

3 In der Natur tritt beim Regenbogen eine Zerlegung des Sonnenlichts auf. Wenn die Sonne im Rücken eines Beobachters steht, vor dem ein Regenschauer niedergeht, dann kann er einen Regenbogen sehen. In jedem Tropfen des Regenschauers wird ein Teil des Sonnenlichts so gebrochen, dass eine Farbe des Spektrums in das Auge des Beobachters fällt. Die Regentropfen übernehmen also die Rolle des Glasprismas.

Farben mischen und filtern

1 a) Weißes Licht trifft auf ein Glasprisma und erzeugt ein kontinuierliches Spektrum. Die Farbe Rot wird durch eine Blende abgeschirmt. Das restliche Licht wird mit einer Sammellinse vereinigt. Auf dem Schirm sieht man die Mischfarbe Grün.
b) Das Übereinanderstrahlen von verschiedenen Farben nennt an Farbaddition.

2 Überschrift: **Farbsubtraktion**
Hält man farbige Folien oder Farbgläser in den Strahlengang des weißen Lichts, so wird Licht bestimmter Farben **ausgeblendet**. Solche Folien oder Gläser heißen **Farbfilter**. Ein rotes Farbglas absorbiert **alle Farben** außer **Rot**. Das Herausfiltern von Farben wird **Farbsubtraktion** genannt. Werden mehrere Farbgläser übereinander gelegt, so gelangen nur Farben hindurch, für die alle Gläser **durchlässig** sind.

3 Die rote Schrift kann in aller Regel nicht erkannt werden. Die rote Schrift absorbiert alle Farben außer Rot. Weißes Papier reflektiert alle Farben. Das Rotfilter lässt jedoch nur den Rotanteil durch. Somit erscheint die ganze Fläche rot.

Optische Linsen

1

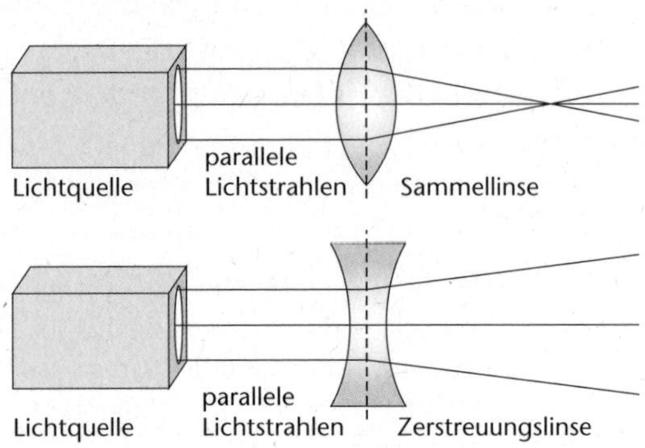

Sammellinsen vereinigen parallele Lichtstrahlen im Brennpunkt. Zerstreuungslinsen lassen parallele Lichtstrahlen auseinander divergieren. Lässt man auf die verschiedenen Linsen parallele Lichtstrahlen fallen, erkennt man am weiteren Verlauf der Strahlen, um welche Art von Linse es sich handelt.

2 Sammellinsen: a, d, e; Sammellinsen sind in der Mitte dicker als am Rand. Zerstreuungslinsen: b, c; Zerstreuungslinsen sind am Rand dicker als in der Mitte.

3 Sammellinsen: a, c, d; Zerstreuungslinsen: b
Die Einteilung kann über konvergierende bzw. divergierende Lichtstrahlen erfolgen:
a: Parallel einfallende Lichtstrahlen werden durch die Linse gebündelt – Sammellinse
b: Parallel einfallende Lichtstrahlen werden durch die Linse zerstreut – Zerstreuungslinse
c: Aus einem divergierenden Lichtbündel wird ein paralleles Lichtbündel – Ausgangspunkt der Strahlen ist der Brennpunkt der Sammellinse
d: Divergierende Lichtstrahlen werden durch die Linse gebündelt – Sammellinse

Eigenschaften von Sammellinsen

1 a) Je stärker die Krümmung der Linsenoberfläche, desto kleiner die Brennweite der Linse.

b) Wenn zwei gleich geformte Linsen unterschiedliche Brennweiten besitzen, müssen zwei Glassorten mit unterschiedlicher Brechkraft verwendet worden sein.

2 Da die Sonne sehr weit entfernt ist, treffen die Lichtstrahlen fast parallel auf die Sammellinse und vereinigen sich in ihrem Brennpunkt. Den Brennpunkt kann man mit einem Blatt Papier sichtbar machen: Er erscheint als heller Fleck und kann das Papier entzünden, wenn man es lange genug in der richtigen Position hält.

3 Die zweite Sammellinse bündelt die Strahlen nochmals. Die Brennweite $f_{1,2}$ des Systems ist kleiner als die Summe der einzelnen Linsenbrennweiten.

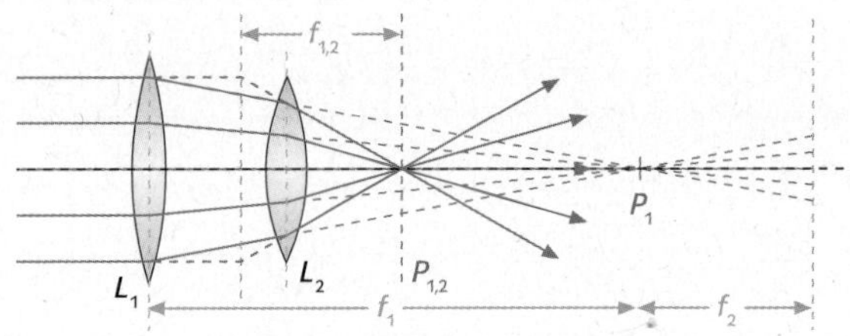

Abbildungen mit Sammellinsen

1 Auch bei Linsen mit zwei unterschiedlich gekrümmten Oberflächen wird der Lichtweg durch die zweimalige Brechung so geändert, dass es egal ist, von welcher Seite das Licht auf die Linse trifft. Daher ist die Brennweite auf beiden Seiten der Linse gleich.

a) b)

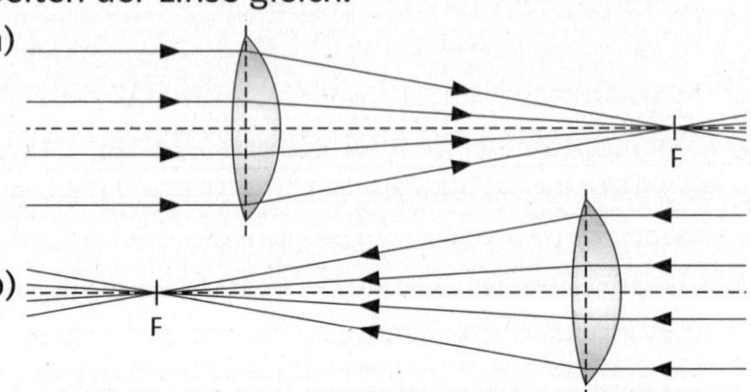

Das Ergebnis des Versuchs beruht auf der Umkehrbarkeit des Lichtwegs.

2 a)

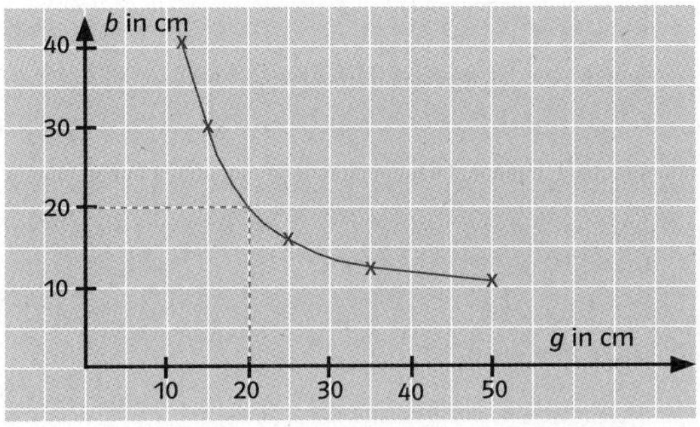

b) Die Brennweite der Linse beträgt $f = 10$ cm. Bei der Gegenstandsweite $g = 20$ cm ist auch die Bildweite $b = 20$ cm, also $b = g$. Dies ist der Fall, wenn die Gegenstandsweite der doppelten Brennweite entspricht, also bei $g = 2f$, d.h. $f = 10$ cm.

c) Bei $g = 2f$ ist das Bild reell, umgekehrt und gleich groß wie der Gegenstand.

Bilder durch Linsen

1 Zur einfachen Konstruktion des Strahlengangs eignen sich die Hauptstrahlen. Dazu gehören: die Lichtstrahlen parallel zur optischen Achse (Parallelstrahlen), die Lichtstrahlen durch den Brennpunkt (Brennpunktstrahlen) und die Lichtstrahlen durch den Linsenmittelpunkt (Mittelpunktstrahlen). Für diese Lichtstrahlen ist der Lichtweg durch die Sammellinse bekannt: Parallelstrahlen werden zu Brennpunktstrahlen, Brennpunktstrahlen werden zu Parallelstrahlen und Mittelpunktstrahlen bleiben unverändert.

2

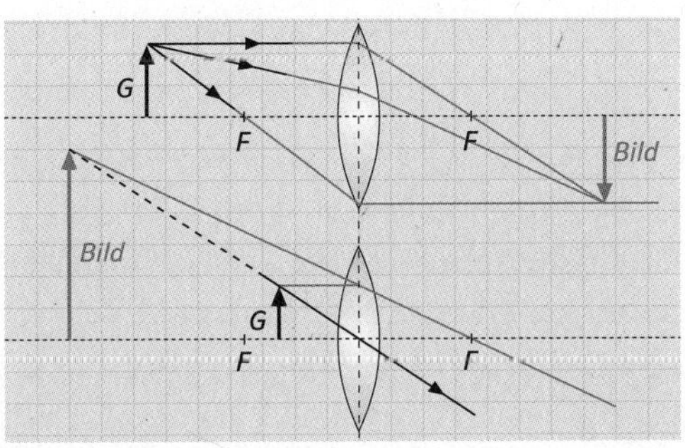

3 a) Es entsteht ein virtuelles, vergrößertes und aufrechtes Bild des Gegenstands.

b) Die Lupe wird in der beschriebenen Weise eingesetzt.

Korrektur von Sehfehlern

1 Bei einem kurzsichtigen Auge ist der Augapfel zu lang, d.h. der Abstand von der Linse zur Netzhaut ist größer als normal. Weit entfernte Gegenstände werden vor der Netzhaut abgebildet. Das bedeutet, dass Auge B kurzsichtig ist.

2 A und C sind Sammellinsen, B ist eine Zerstreuungslinse. D stellt eine planparallele Platte dar, die schräg einfallende Lichtstrahlen lediglich parallel verschiebt.
Eine Zerstreuungslinse kann die Kurzsichtigkeit ausgleichen; sie schwächt die Gesamtbrechung, sodass das Bild auf der Netzhaut zu liegen kommt.

3 Bei Weitsichtigen ist (meist) der Augapfel verkürzt, die Netzhaut ist somit der Linse näher als normal. Die aus großer Entfernung kommenden parallelen Lichtbündel vereinigen sich erst hinter der Netzhaut. Um scharf sehen zu können, müssen Weitsichtige schon bei weit entfernten Objekten akkommodieren, d.h. die Brennweite ihrer Augenlinsen verkürzen. Ausgleichen lässt sich dieser Sehfehler mithilfe einer Brille, die Sammellinsen enthält. Durch die zusätzliche Brechung verkürzt sich die Bildweite, sodass eine scharfe Abbildung auf der Netzhaut entsteht.

Energieformen

1 Kuckucksuhr: mechanische Energie (Lageenergie)
Windkraftanlagen: mechanische Energie (Bewegungsenergie) und elektrische Energie
Kugelschreibermine: mechanische Energie (Spannenergie)
Teclubrenner: chemische Energie

2 [x] Auto I ist am Ende der Rampe schneller als Auto II, weil es eine Etage höher startet.

[ ] Beide Autos sind am Ende der Rampe gleich schnell, denn sie sind gleich.

[ ] Auto II kann genauso schnell werden wie Auto I, wenn seine Masse durch Beladung verdoppelt wird.

Um zu beurteilen, welches Auto am Ende der Rampe schneller ist, muss man eine Energiebilanz aufstellen:

Situation A: Beide Autos haben dieselbe Masse, starten aber aus unterschiedlichen Stockwerken.
Für Auto I gilt: $m_1 \cdot g \cdot h_1 = 1/2 \cdot m_1 \cdot v_1^2$
$v_1^2 = 2 \cdot g \cdot h_1$
Für Auto II gilt: $m_1 \cdot g \cdot 1/2 h_1 = 1/2 \cdot m_1 \cdot v_2^2$
$v_2^2 = g \cdot h_1$
Ergebnis: $v_1 > v_2$, denn Auto I besitzt im Startpunkt mehr potenzielle Energie und hat aus diesem Grund am Ende der Rampe mehr Bewegungsenergie als Auto II.

Situation B: Auto II hat die doppelte Masse und startet ein Stockwerk tiefer, auf halber Höhe.

Für Auto I gilt: $m_1 \cdot g \cdot h_1 = 1/2 \cdot m_1 \cdot v_1^2$
$v_1^2 = 2 \cdot g \cdot h_1$
Für Auto II gilt: $2m_1 \cdot g \cdot 1/2 h_1 = 1/2 \cdot 2m_1 \cdot v_2^2$
$v_2^2 = g \cdot h_1$
Ergebnis: Auch hier ist $v_1 > v_2$, denn bei Auto II muss eine größere Masse beschleunigt werden.

3 Selbst wenn es in der Bundesrepublik genügend Solarkraftwerke gäbe, könnten sie die anderen Kraftwerke kaum ersetzen: Da nachts die Sonne nicht scheint, aber trotzdem elektrische Energie benötigt wird, müsste diese den Tag über in geeignete Speicher, z. B. Batterien eingespeist werden. Dies ist jedoch sehr aufwendig und teuer.
Wasserkraftwerke stellen zwar auch nachts elektrische Energie bereit, aber durch schwankende Wasserstände ist die Abgabe an elektrischer Energie nicht immer konstant. Um dies auszugleichen, müsste die Anzahl der Wasserkraftwerke erhöht werden, was aber nicht möglich ist.

Energieumwandlungen

1 Energie des Skaters in den Punkten I bis V
Punkt I: maximale Lageenergie, keine Bewegungsenergie
Punkt II: Lageenergie nimmt ab, Bewegungsenergie nimmt zu
Punkt III: keine Lageenergie, maximale Bewegungsenergie
Punkt IV: Lageenergie nimmt zu, Bewegungsenergie nimmt ab
Punkt V: maximale Lageenergie, keine Bewegungsenergie

2
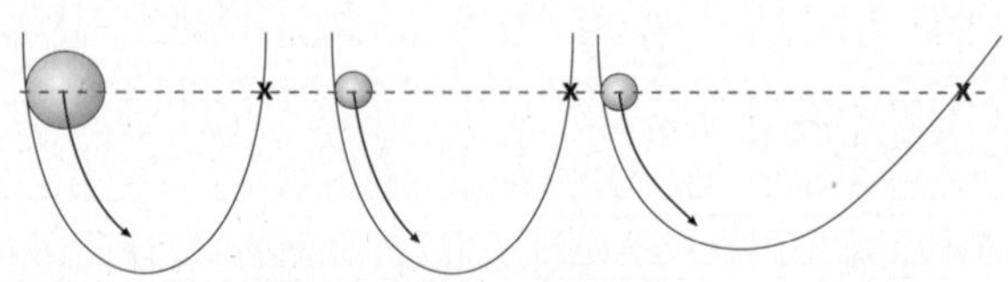

3 Da für die Kugeln und den Skater gilt, dass die Energie innerhalb eines Systems erhalten bleibt, erreichen die Kugeln und der Skater auf der rechten Seite wieder die Ausgangshöhe – unabhängig davon, wie die Rinne geformt ist.

Elektrische Energie

1

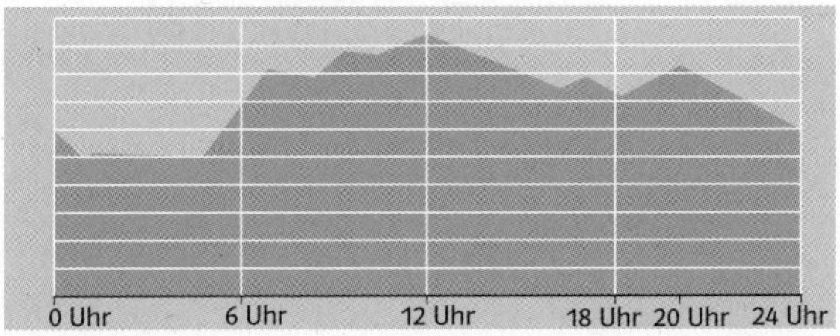

2 Der Verlauf kommt durch den unterschiedlichen Energiebedarf zustande. So ist in einer Stadt z. B. der Energiebedarf um die Mittagszeit sehr hoch, weil um diese Zeit das Mittagessen gekocht wird. Auch am Abend gibt es eine Spitze im Energiebedarf, der in diesem Fall durch das Einschalten der Lampen und der Fernsehgeräte zustande kommt. Nachts ist dagegen der Energiebedarf gering. In dieser Zeit wird Energie der Grundlastkraftwerke zum Hochpumpen von Wasser für die Speicherkraftwerke verwendet.

3 Pumpspeicherkraftwerk

4 Der Versuchsaufbau zeigt, wie Energie zwischen verschiedenen Systemen übertragen werden kann: Das Massestück besitzt in seiner Ausgangsposition Lageenergie, die es abgeben kann, sobald man es loslässt. Je größer die Höhe, umso mehr Energie kann es abgeben. Die Energie des Massestücks geht zunächst in Bewegungsenergie des Dynamos über. Durch den Dynamo wird die Bewegungsenergie in elektrische Energie und in der Lampe schließlich zu Licht und Wärme umgewandelt.
Ein Pumpspeicherkraftwerk arbeitet nach demselben Prinzip: Das Wasser in einem höher gelegenen See dient als Energiespeicher. Nun lässt man dieses Wasser über Turbinen in einen tiefer gelegenen See abfließen. Das strömende Wasser setzt über die Turbinen Generatoren (große Dynamos) in Bewegung, welche die Energie über elektrischen Strom in die Haushalte abgeben.

Mechanische Energie

1 Beim Schließen des Schirms wird die Feder zusammengedrückt, dabei wird Arbeit an ihr verrichtet, bzw. es wird Energie auf sie übertragen. Die Feder hat Energie (Spannenergie) gespeichert. Wird auf den Schirmknopf gedrückt, entspannt sich die Feder und gibt Energie ab. Zunächst wird die Spannenergie in Bewegungsenergie umgewandelt, dann wieder in Spannenergie, die im aufgespannten Schirmstoff steckt.

2 Durch Versuche mit Massestücken und unterschiedlichen Federn kann die Größe der gespeicherten Energie anhand der Steighöhe des in die Luft geschleuderten Massestücks abgeschätzt werden: Die Spannenergie der Feder wird in Bewegungs- und Lageenergie des Massestücks umgewandelt. Im oberen Umkehrpunkt ist die Geschwindigkeit des Massestücks null, es besitzt nur noch Lageenergie. Man stellt fest, dass ein Massestück m eine umso größere Höhe h erreicht,

- je größer die Auslenkung s der Feder ist (für m = konstant, D = konstant),
- je größer die Federkonstante (Federhärte) D der Feder ist (für s = konstant, m = konstant)

Geht man davon aus, dass die Energie im System annähernd erhalten bleibt, ist die Spannenergie einer Feder umso größer, je größer die Auslenkung s der Feder und je größer die Federkonstante (Federhärte) D ist.

3 Das Massestück wird um 80 cm nach oben geschossen. Gegenüber der Ausgangsposition hat sich seine Höhenenergie im oberen Umkehrpunkt also um

$E_H = m \cdot g \cdot h$

$E_H = 0{,}07\,\text{kg} \cdot 9{,}81\,\text{m/s}^2 \cdot 0{,}8\,\text{m}$

$E_H = 0{,}55\,\text{J}$

erhöht. Diese Energie entspricht der Spannenergie, die in der Feder gespeichert war.

Bewegungsformen und Bewegungsarten

1 Man unterscheidet drei verschiedene Bewegungsformen:

- Wenn sich die Bewegungsrichtung eines Körpers nicht ändert, dann handelt es sich um eine **geradlinige Bewegung**. Ein Bus führt z. B. auf einer geraden Straße eine geradlinige Bewegung aus.
- Wenn sich ein Körper im Kreis bewegt, dann führt er eine **Kreisbewegung** aus. Ein Beispiel ist ein Auto, das im Kreisverkehr fährt.
- Eine Schaukel bewegt sich hin und her. Eine solche Bewegung bezeichnet man als **Schwingung**.

Bei den Bewegungsarten unterscheidet man zunächst zwischen einer **gleichförmigen Bewegung** und einer **ungleichförmigen Bewegung**. Bei einer gleichförmigen Bewegung ändert ein Körper seine Geschwindigkeit nicht. Man kann diese Art der Bewegung z. B. bei einer Rolltreppe in einem Kaufhaus beobachten oder bei einem Fluss, in dem das Wasser mit konstanter Geschwindigkeit strömt.
Bei einer ungleichförmigen Bewegung ändert sich die Geschwindigkeit des Körpers. Wenn der Körper langsamer wird, wie ein Bus vor einer roten Ampel, erfolgt eine **verzögerte Bewegung**. Fährt der Bus anschließend wieder an und wird dabei schneller, erfolgt eine **beschleunigte Bewegung**.

2 Auf der geraden Strecke führt der Radfahrer eine geradlinige Bewegung mit konstanter Geschwindigkeit aus, er bewegt sich also gleichförmig. Fährt er im Kreisverkehr, führt er eine Kreisbewegung aus. Da der der Betrag der Geschwindigkeit konstant ist, sich aber ständig die Bewegungsrichtung des Radfahrers ändert, handelt es sich um eine beschleunigte Bewegung.

Durchschnittsgeschwindigkeit

1 ☒ 15 km/h

☐ 20 km/h

☐ 40 km/h

Wer auf v = 20 km/h getippt hat, ist einem naheliegenden Irrtum aufgesessen. In der Aufgabe geht es um das zeitliche Mittel der Geschwindigkeit, nicht um das räumliche Mittel. Der Radfahrer ist länger mit der kleineren Geschwindigkeit als mit der größeren Geschwindigkeit unterwegs. Daher überwiegt die kleinere Geschwindigkeit bei der Bildung des Mittelwerts.
Um eine allgemeine Lösung des Problems zu finden, benutzt man folgende Symbole:
s: Weg von Adorf nach Behausen
v_1 und v_2: Geschwindigkeiten auf dem Hin- und Rückweg
t_1 und t_2: Fahrtdauern auf dem Hin- und Rückweg
v: mittlere Geschwindigkeit
Dann gilt:

$$t_1 = \frac{s}{v_1}$$

$$t_2 = \frac{s}{v_2}$$

$$v = \frac{2 \cdot s}{t_1 + t_2}$$

$$v = \frac{2 \cdot s}{s/v_1 + s/v_2}$$

$$v = \frac{2 \cdot v_1 \cdot v_2}{v_1 + v_2} = \frac{2 \cdot 30\,\text{km/h} \cdot 10\,\text{km/h}}{30\,\text{km/h} + 10\,\text{km/h}} = 15\,\frac{\text{km}}{\text{h}}$$

Mit den Zahlenwerten der Aufgabe ergibt sich eine mittlere Geschwindigkeit von v = 15 km/h.

Auswertung von Bewegungsdiagrammen

1 Im 1. Bewegungsabschnitt führt das Motorrad eine gleichmäßig beschleunigte Bewegung aus dem Stillstand aus. Mit $t_1 = 10\,\text{s}$, $v_0 = 0\,\text{m/s}$, $v_1 = 25\,\text{m/s}$ ergibt sich die Beschleunigung a_1 zu:

$$a_1 = \frac{v_1}{t_1}$$

$$a_1 = \frac{25\,\text{m}}{10\,\text{s} \cdot \text{s}}$$

$$a_1 = 2{,}5\,\frac{\text{m}}{\text{s}^2}$$

Im 2. Bewegungsabschnitt liegt eine gleichförmige Bewegung vor mit $t_2 - t_1 = 10\,\text{s}$, $v_1 = 25\,\text{m/s}$, $v_2 = 25\,\text{m/s}$, die Beschleunigung a_2 des Motorrads auf diesem Streckenabschnitt ist null.

Im 3. Bewegungsabschnitt führt das Motorrad eine gleichmäßig verzögerte Bewegung bis zum Stillstand aus. Mit $t_3 - t_2 = 5\,\text{s}$, $v_2 = 25\,\text{m/s}$, $v_3 = 0\,\text{m/s}$ beträgt die Verzögerung a_3:

$$a_3 = \frac{v_2}{t_3 - t_2}$$

$$a_3 = \frac{25\,\text{m}}{5\,\text{s} \cdot \text{s}}$$

$$a_3 = 5{,}0\,\frac{\text{m}}{\text{s}^2}$$

Das Motorrad beschleunigt mit $2{,}5\,\text{m/s}^2$ und bremst mit einer Verzögerung von $5{,}0\,\text{m/s}^2$. Dazwischen bewegt es sich gleichförmig.

Interpretation von Bewegungsabläufen

1 a) Körper K1 führt eine gleichmäßig beschleunigte Bewegung durch, da in gleichen Zeitintervallen die zurückgelegten Wege größer werden. Körper K2 legt in gleichen Zeitintervallen gleich große Strecken zurück, er bewegt sich gleichförmig, also mit konstanter Geschwindigkeit.

t	0	0,2	0,4	0,6	0,8	1,0	1,2	1,4
***s* (K1)**	2	4	7	11	16	22	29	–
***s* (K2)**	0	4	8	12	16	20	24	28

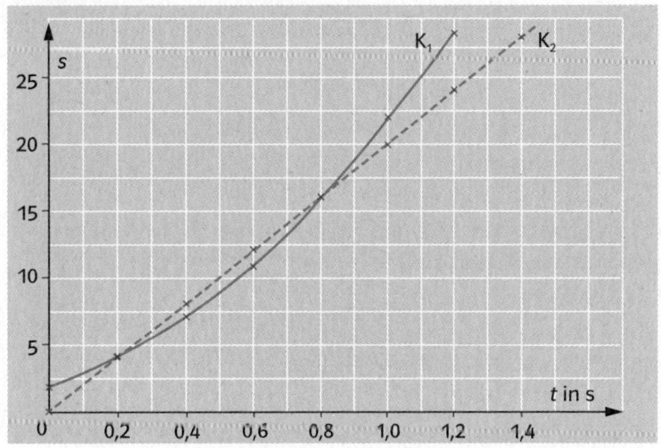

b) Die Körper haben zwischen den Positionen 3 und 4 die gleiche Geschwindigkeit. Dies zeigt das Diagramm der Durchschnittsgeschwindigkeiten auf den einzelnen Streckenabschnitten:

Messintervall	1 – 2	2 – 3	3 – 4	4 – 5	5 – 6	6 – 7
Δ*t*	0,2	0,2	0,2	0,2	0,2	0,2
Δ*s* (K1)	2	3	4	5	6	7
$v_ø$ (K1)	10	15	20	25	30	35
Δ*s* (K2)	4	4	4	4	4	4
$v_ø$ (K2)	20	20	20	20	20	20

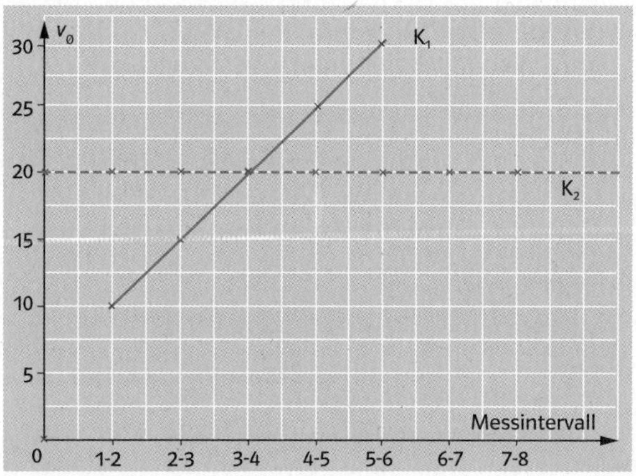

Geschwindigkeiten

1 a) Die Zeit des Franzosen Benoit Zwierzchiewski kann nicht stimmen. Es ist ein Druckfehler in der Einheit, statt Minuten muss es Stunden heißen.

b) Durchschnittsgeschwindigkeit des Siegers:
Gegeben: $s = 42195\,\text{m}$, $t = 7698\,\text{s}$

mit $v = \frac{s}{t}$

$v = \frac{42195\,\text{m}}{7698\,\text{s}}$

$v = 5{,}48\,\text{m/s}$
$v = 19{,}73\,\text{km/h}$

Durchschnittsgeschwindigkeit der Siegerin:
Gegeben: $s = 42195\,\text{m}$, $t = 8585\,\text{s}$

mit $v = \frac{s}{t}$

$v = \frac{42195\,\text{m}}{8585\,\text{s}}$

$v = 4{,}91\,\text{m/s}$
$v = 17{,}69\,\text{km/h}$
Die Geschwindigkeiten des Siegers und der Siegerin betragen 19,73 km/h und 17,69 km/h.

c) Durchschnittsgeschwindigkeit von Julius Ruto:
Gegeben: $s = 42195\,\text{m}$, $t = 7690\,\text{s}$

mit $v = \frac{s}{t}$

$v = \frac{42195\,\text{m}}{7690\,\text{s}}$

$v = 5{,}49\,\text{m/s}$
$v = 19{,}75\,\text{km/h}$
Die Geschwindigkeit von Julius Ruto betrug 19,76 km/h

d) Die Zeitdifferenz zwischen beiden Läufern beträgt $\Delta t = 8\,\text{s}$. Daraus folgt mit $s = v \cdot t$:
$s_Z = v_Z \cdot \Delta t$
$s_Z = 5{,}48\,\text{m/s} \cdot 8\,\text{s}$
$s_Z = 43{,}84\,\text{m}$
Julius Ruto wäre rund 44 m vor Benoit Zwierzchiewski ins Ziel gekommen.

Impuls

1 Wenn man beide Hämmer auf dieselbe Geschwindigkeit bringt, besitzt der Hammer mit der größeren Masse den größeren Impuls. Um den Nagel in die Wand zu schlagen, sollte man den schwereren Hammer wählen, da man mit diesem eine größere Kraft auf den Nagel ausüben kann.

2 Im Ausgangszustand befinden sich die beiden Gleiter in Ruhe, es ist $v_1 = v_2 = 0$. Mit $p = m \cdot v$ ist ihr Gesamtimpuls daher null:
$p_1 = p_2 = 0$
Wenn man den Faden durchtrennt, entspannt sich die Feder und versetzt dabei die beiden Gleiter in Bewegung. Da der Impulserhaltungssatz gilt, müssen die Impulsänderungen für beide Gleiter gleich groß sein:
$\Delta p_1 = -\Delta p_2$

Da die Masse m_2 doppelt so groß ist wie die Masse m_1, bewegt sich Gleiter 1 doppelt so schnell wie Gleiter 2. Die Beträge der Impulse der beiden Gleiter sind also nach Durchtrennung des Fadens wieder gleich groß.

Kräfte an Körpern

1 [x] Eine nach unten gerichtete Gewichtskraft

[x] Eine nach oben gerichtete Kraft durch den Tisch

[ ] Eine nach unten gerichtete Kraft durch den Luftdruck

[x] Eine nach oben gerichtete Kraft durch den Luftdruck (Auftriebskraft)

2 a) Die Gewichtskraft F_K des Körpers wirkt auf den Tisch, umgekehrt übt der Tisch eine gleich große, der Kraft F_K aber entgegengerichtete Kraft F_T aus. Die beiden Kräfte kompensieren sich, es herrscht ein Kräftegleichgewicht.

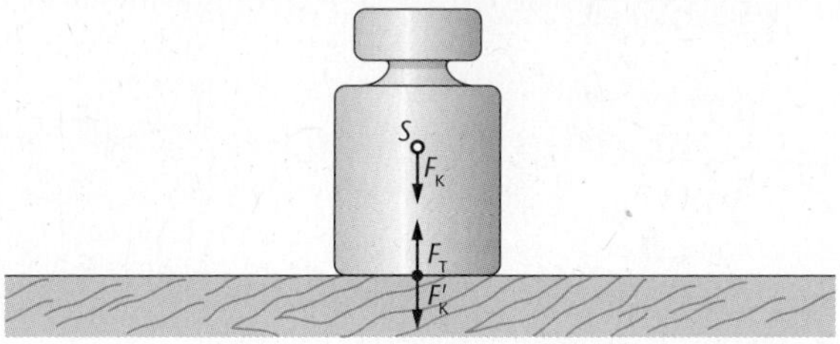

b) Die Behauptung des Schülers ist nicht richtig. Auch wenn man am Faden nach rechts zieht, kompensieren sich die Gewichtskraft und die Kraft des Tischs. Das Ergebnis des Versuchs ist von der Masse des Körpers abhängig. Je größer seine Masse, umso träger ist der Körper und umso größer ist die Trägheitskraft, die er einer Änderung seines Bewegungszustands entgegensetzt.

Wechselspiel der Kräfte

1 a) Egal, welcher der beiden Jungen das Seil hält und welcher daran zieht, sie bewegen sich aufeinander zu und treffen sich in der Mitte. Sobald Junge B durch Ziehen am Seil eine Kraft auf Junge A ausübt, wirkt von Junge A eine gleich große Kraft auf Junge B.

b) Laura hat Recht, es ist nicht möglich, auf einer reibungsfreien Oberfläche zu gehen. Beim Gehen übt man mit dem Fuß eine Kraft auf den Boden aus. Um vorwärts zu kommen, muss umgekehrt der Boden eine gleich große Gegenkraft auf den Fuß ausüben. Im Falle eines reibungsfreien Untergrunds gibt es diese Gegenkraft nicht.

c) In beiden Aufgabenteilen geht es um das Wechselwirkungsprinzip. Es besagt, dass immer zwei Kräfte – Kraft und Gegenkraft – auftreten, wenn ein Körper auf einen zweiten Körper einwirkt. Die Kräfte greifen an verschiedenen Körpern an, sind genau gleich groß und einander entgegengerichtet.

Federkräfte

1 a) Es ist eine Kraft von 9 N nötig, um die Feder um 1,5 cm zu dehnen.

b) Wenn an der Feder eine Kraft von 15 N wirkt, wird sie um 2,5 cm gedehnt.

c) Im Bereich von 0 bis 3 cm besteht zwischen der angreifenden Kraft *F* und der Längenänderung *s* der Feder ein linearer Zusammenhang, *F* und *s* sind proportional zueinander.

2 Bei einer Feder würde sich die Zugkraft ändern, wenn die Oberleitungsaufhängung auf Grund von Wärmeeinflüssen die Länge ändert. Die Oberleitung würde dadurch unterschiedlich stark durchhängen. Bei der Anordnung mit den Betongewichten bleibt die Zugkraft immer

gleich und die Oberleitung hängt immer gleich stark durch.

Entwicklung eines Kraftmessers

1 a) Kräfte kann man an ihren Wirkungen erkennen. Sie können die Änderung des Bewegungszustands eines Körpers (Beschleunigung, Verzögerung, Richtungsänderung) und die Verformung eines Körpers bewirken.
b) Kräfte lassen sich mithilfe eines Federkraftmessers bestimmen. Belastet man eine Feder, so stellt man fest, dass die Verlängerung der Feder in einem bestimmten Bereich proportional zur angreifenden Kraft ist. Wenn bekannt ist, um wie viel sich die Feder beim Einwirken einer bestimmten Kraft verlängert, dann kann man aus der doppelten (dreifachen) Verlängerung auf eine doppelt (dreifach) so große Kraft schließen.
c) Zur Messung von Kräften benötigt man eine Schraubenfeder, Stativmaterial und ein Lineal. Die Schraubenfeder wird so an einem Stativ befestigt, dass sie durch Anhängen von Massestücken elastisch gedehnt werden kann. Daneben wird ein Vertikalmaßstab mit verstellbarem Zeiger aufgestellt. Die Messdaten werden in einer Messtabelle aufgenommen und grafisch dargestellt.

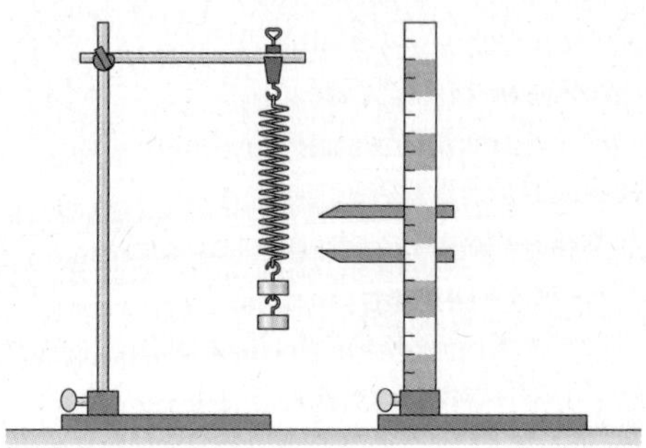

Kraft *F* in *N*	0	0,5	1,0	1,5	2,0	2,5
Verlängerung *s* in cm	0	1,5	3,1	4,7	6,0	7,7

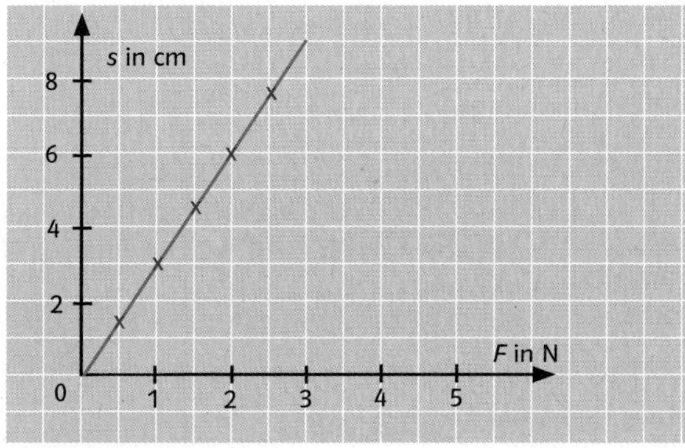

Hebel

1 zweiseitiger Hebel

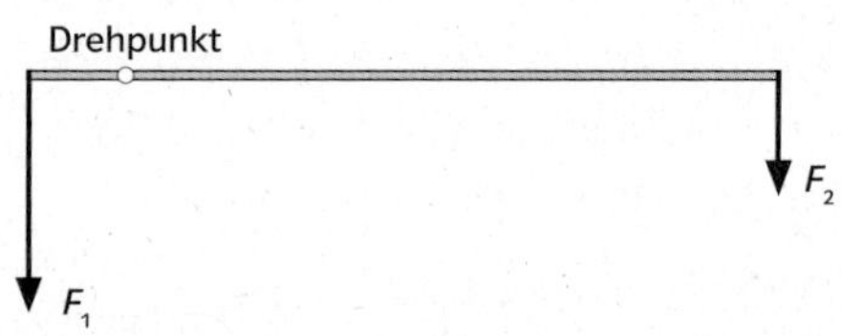

einseitiger Hebel

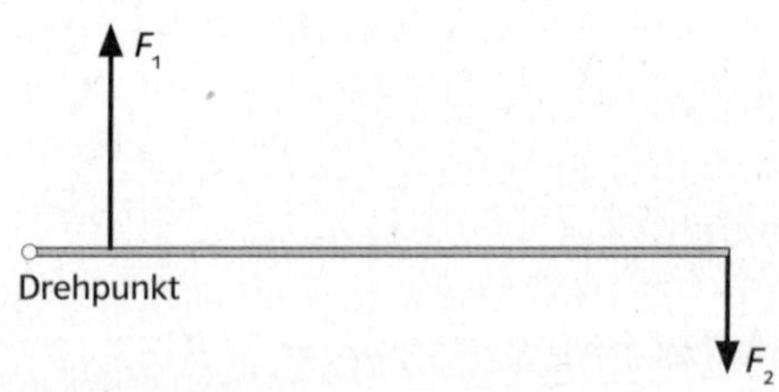

2 Es gilt das Hebelgesetz an zwei Waagen. Die linke Waage ist ein zweiseitiger Hebel, die rechte Waage ist ein einseitiger Hebel.
Ein Hebel ist im Gleichgewicht, wenn das Produkt aus Last F_1 und Lastarm l_1 gleich dem Produkt aus Kraft F_2 und Kraftarm l_2 ist:
$F_1 \cdot l_1 = F_2 \cdot l_2$

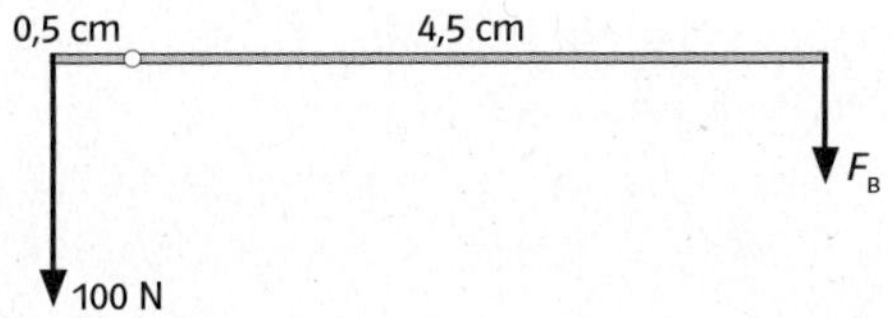

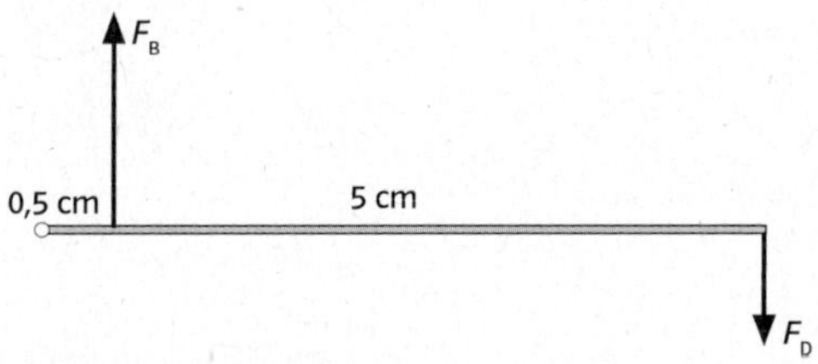

Gleichgewichtsbedingung für die linke Waage:
$100\,N \cdot 0{,}5\,cm = 4{,}5\,cm \cdot F_B$
$F_B = 100\,N \cdot 0{,}5\,cm/4{,}5\,cm$
$F_B = 11{,}1\,N$

Gleichgewichtsbedingung für die rechte Waage:
$11{,}1\,N \cdot 0{,}5\,cm = 5{,}0\,cm \cdot F_D$
$F_D = 1{,}1\,N$
Im Punkt D muss eine Last mit der Masse $m = 0{,}11\,kg$ angebracht werden.

Kräftegleichgewichte

1 Körper erfahren in der Luft eine Auftriebskraft. Sie ist so groß wie die Gewichtskraft der verdrängten Luft. Damit wirkt auf den größeren Körper zunächst auch eine größere Auftriebskraft. Wird aus der Glasglocke dann die Luft abgepumpt, so verschwinden die Auftriebskräfte bzw. nehmen mit der Luftdichte ab. Der Holzklotz hat – im Vergleich zur Eisenkugel – bei vergleichbarer Masse aufgrund der geringeren Dichte das größere Volumen. In Luft erfährt er dementsprechend also eine größere Auftriebskraft. Da an der Waage nun kein Kräftegleichgewicht mehr herrscht, neigt sie sich.

2 Wird der Stein in das Becherglas mit Wasser getaucht, so wirkt an ihm, neben der Gewichtskraft, eine nach oben gerichtete Auftriebskraft. Sie entspricht der Gewichtskraft des vom Stein verdrängten Wassers. Der Federkraftmesser zeigt weniger an als bei der Messung in Luft, und zwar einen um die Auftriebskraft reduzierten Wert. Die Waage zeigt beim Eintauchen des Steins mehr an, und zwar einen der Auftriebskraft des Steins entsprechend höheren Wert.

Eintauchtiefe und Tragfähigkeit

1 Das vom schwimmenden Becher verdrängte Wasser hat das Volumen

$$V = \frac{m}{\rho_{Wasser}}$$

$$V = \frac{200\,g}{0{,}998\,g/cm^3}$$

$$V = 200\,cm^3$$

Bei der Grundfläche A des Bechers und der Eintauchtiefe h_x ergibt sich das Volumen des verdrängten Wassers andererseits zu:
$V = A \cdot h_x$
Daraus berechnet sich die Eintauchtiefe des Bechers zu:

$$h_x = \frac{V}{A} = \frac{200\,cm^3}{30\,cm^3} = 6{,}7\,cm$$

Der Becher sinkt also 6,7 cm weit ein.

b) Maximal kann der Becher das Volumen
$V_{max} = A \cdot h = 30\,cm^2 \cdot 10\,cm = 300\,cm^3$
verdrängen.
Das dabei verdrängte Wasser hat die maximale Masse:
$m_{max} = \rho_{Wasser} \cdot V_{max}$
$m_{max} = 0{,}998\,g/cm^3 \cdot 300\,cm^3$
$m_{max} = 300\,g$

Es können also noch 100 g Sand eingefüllt werden. Dessen Volumen beträgt:

$$V_{Sand} = \frac{m}{\rho_{Sand}}$$

$$V_{Sand} = \frac{100\,g}{1{,}5\,g/cm^3}$$

$$V_{Sand} = 67\,cm^3$$

In den Becher können maximal 67 cm³ Sand eingefüllt werden, bevor er sinkt.

Druck

1 Aus der Regentonne B spritzt das Wasser mit der größten Geschwindigkeit. Hier ist die Wassersäule am höchsten und damit auch der Druck an der Austrittsöffnung am größten.

2 a) Der Druck p in der Flüssigkeit berechnet sich aus der Gewichtskraft F_2 des Körpers, die auf die Fläche A_2 des Kolbens für die Hebebühne wirkt:

$$p = \frac{F_2}{A_2}$$

$$p = \frac{60\,000\,N}{400\,cm^2}$$

$$p = 150\,N/cm^2$$

Der Druck in der Flüssigkeit beträgt 150 N/cm².

b) Für die am Pumpenkolben benötigte Kraft F_1 gilt:

$F_1 = p \cdot A_1$

$F_1 = 150\,N/cm^2 \cdot 5\,cm^2$

$F_1 = 750\,N$

Die Kraft am Pumpenkolben beträgt 750 N.

c) Berechnung der Wegstrecke s_1, um die der Pumpenkolben bewegt werden muss:
Beim Anheben des Körpers wird Hydraulikflüssigkeit vom kleinen Kolben in den großen Kolben gepresst. Das Volumen der Flüssigkeit berechnet sich zu:

$V_1 = V_2$

$A_1 \cdot s_1 = A_2 \cdot s_2$

$$s_1 = \frac{A_2 \cdot s_2}{A_1}$$

$$s_1 = \frac{400\,cm^2 \cdot 2\,m}{5\,cm^2}$$

$$s_1 = 160\,m$$

Der Pumpenkolben muss um 160 m bewegt werden, um den Körper um 2 m anzuheben.

Münzentest

1 Variante A: Ein Dauermagnet wird in die Nähe einer 5-Cent-Münze gebracht. Es zeigt sich, dass die Münze vom Magnet angezogen wird. Reines Kupfer ist aber nicht magnetisch, das heißt, dass die 5-Cent-Münze nicht aus reinem Kupfer besteht.

Variante B: Die Dichte der 5-Cent-Münze wird mithilfe einer Waage, eines Messzylinders und einer Dichtetabelle bestimmt (experimentelle Variante der Dichtebestimmung).

Variante C: Die Dichte der 5-Cent-Münze wird mithilfe einer Waage, eines Lineals und einer Dichtetabelle bestimmt. Das Volumen der Münze wird berechnet (rechnerische Variante der Dichtebestimmung).

Modellvorstellungen

1 In der Regel stimmt diese Aussage für Modelle, die in den Naturwissenschaften verwendet werden, nicht. Beispiele sind

- der Wasserstromkreis als Modell für den elektrischen Stromkreis,
- die Schwingung einer Schraubenfeder als Modell für die Ausbreitung des Schalls,
- das Modell der Elementarmagnete zur Erklärung der Eigenschaften eines Magneten.

Die genannten Modelle entsprechen nicht der Wirklichkeit, aber sie beschreiben manche Beobachtungen richtig.
So steht im Wasserstromkreis die Pumpe für die Quelle des elektrischen Stromkreises, das Wasser in den Wasserleitungen steht für die Elektrizität in den Stromleitungen und der Druckunterschied, den die Pumpe erzeugt, entspricht der Potenzialdifferenz der Quelle.
Je größer der Druckunterschied an der Pumpe, desto schneller wird z. B. eine Turbine angetrieben. Je größer die Potenzialdifferenz an der Quelle, desto heller leuchtet z. B. eine Lampe im elektrischen Stromkreis.
Hier dient das Modell dazu, die unanschauliche und komplizierte Wirklichkeit einfach und anschaulich darzustellen.

2 Verschiedene Reinstoffe bestehen aus unterschiedlich großen Teilchen. Wasserteilchen sind kleiner als Alkoholteilchen und können in die Zwischenräume der größeren Alkoholteilchen rutschen. Daher benötigt die Mischung insgesamt ein kleineres Volumen als die beiden Einzelstoffe. Diese Beobachtung lässt sich durch einen Modellversuch veranschaulichen. Anstelle von Wasser und Alkohol mischt man dazu Senfkörner und Erbsen.

Elektrische Stromkreise und Schaltpläne

1

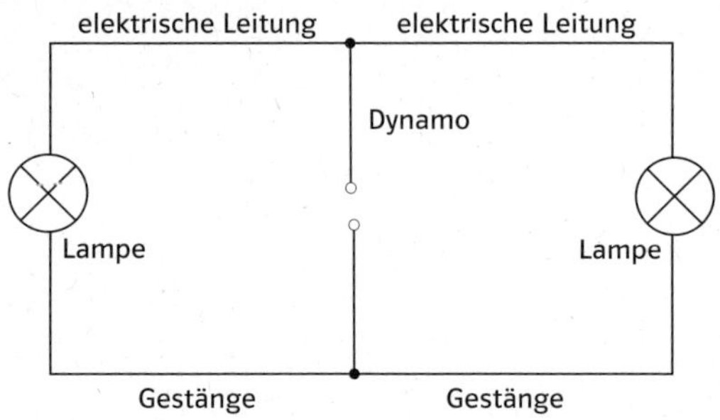

2 Mit einer solchen Wechselschaltung kann eine Lampe über zwei Schalter ein- und ausgeschaltet werden. Dies wird z. B. in Zimmern mit zwei Türen, in Fluren oder in Treppenaufgängen genutzt: So lässt sich das Licht von beiden Enden eines Flurs oder vom unteren und oberen Absatz eines Treppenaufgangs aus schalten.

3 a)

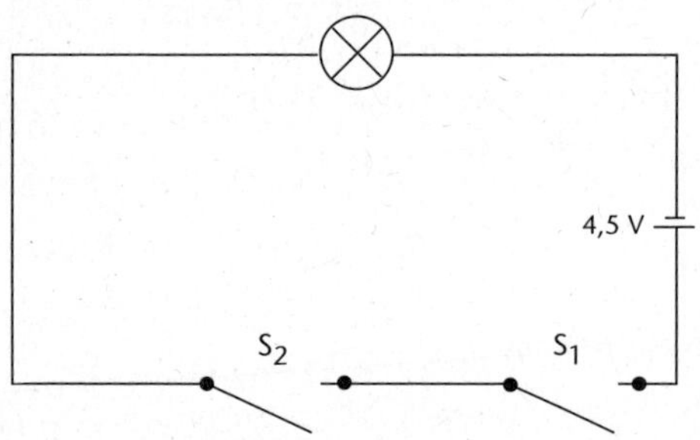

b) Weil bei dieser Schaltung der Stromkreis nur geschlossen ist, wenn beide Schalter gleichzeitig betätigt werden, nennt man sie Sicherheitsschaltung oder auch UND-Schaltung. Um die Maschine einschalten zu können, muss der Arbeiter mit je einer Hand einen Schalter (Taster) betätigen. Damit soll sichergestellt werden, dass er nicht mit einer Hand unter das Schneidemesser gerät.

Vorstellungen vom elektrischen Stromkreis

1 Die Vorstellung des Schülers ist falsch. Der „bestimmte Stoff" wandelt sich hinter dem Verbraucher nicht um. Dies lässt sich beweisen, indem man einen zweiten Verbraucher „hinter" dem ersten Verbraucher einbaut: Dieser zweite Verbraucher dürfte nach der beschriebenen Vorstellung nicht funktionieren, da der „umgewandelte Stoff" zu ihm fließt.
Falsch ist auch, dass der „Stoff" in geringerer Menge zurückfließt. Ein Stromstärkemessgerät zeigt immer die gleichen Werte an, egal ob es vor oder hinter dem Verbraucher in den Stromkreis geschaltet wurde. Tatsächlich bewegen sich im elektrischen Stromkreis Elektronen. Diese Elektronen befinden sich bereits im elektrischen Leiter, sie werden von der Spannungsquelle angetrieben. Am einen Pol der Spannungsquelle werden Elektronen in den Leiter abgegeben, am anderen Pol nimmt die Spannungsquelle Elektronen aus dem Leiter auf.

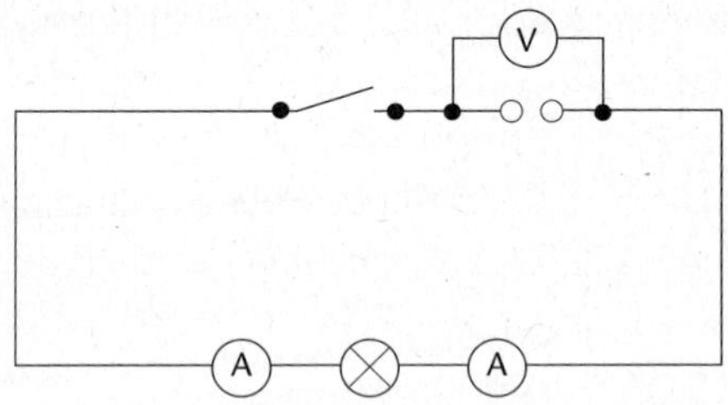

Modelle für den elektrischen Stromkreis

1 a) Kette – leitende Verbindung; vorderes Kettenrad – elektrische Quelle; Kettenglieder – geladene Teilchen (Elektronen oder Ionen); hinteres Kettenrad – elektrisches Gerät (Verbraucher)
b) Das Fahrradkettenmodell kann keinen Stromkreis darstellen, der einen Schalter enthält. Auch als Modell für eine Parallelschaltung von Verbrauchern ist es nicht geeignet.

2 Unter der Stromstärke versteht man die Menge eines Stoffs, die in einer bestimmten Zeit an einer Messstelle vorbeifließt.
Im ersten Versuch dreht sich das Wasserrad schneller, weil die Wasserstromstärke zugenommen hat. Im zweiten Versuch ändert sich die Helligkeit der Lampe in Abhängigkeit von der elektrischen Stromstärke im Stromkreis. Der Wasserstrom kann als einfaches Modell für den elektrischen Strom herangezogen werden.

Strom- und Spannungsmessung

1
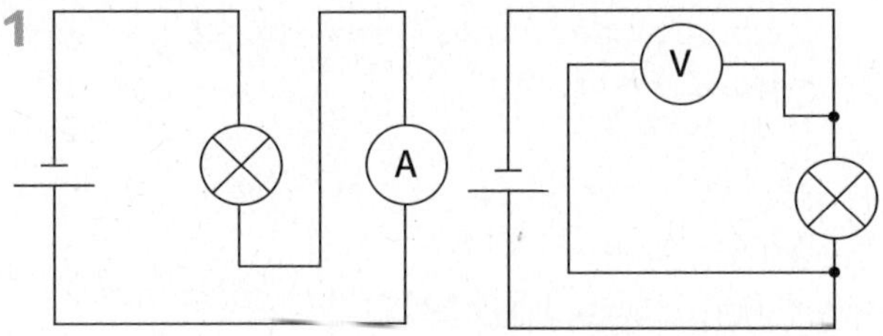

2 A: Einsatz als Spannungsmessgerät, denn das Multimeter ist parallel zum Verbraucher geschaltet.
B: Einsatz als Strommessgerät, denn das Multimeter ist mit dem Verbraucher in Reihe geschaltet.

3 In einem solchen Lichtseilsystem sind die Lampen parallel geschaltet. Daher kann man die Leitungen verlängern und weitere Lampen zuschalten. Allerdings darf man nicht beliebig viele Lampen ergänzen, weil sonst der Gesamtwiderstandswert im Stromkreis zu gering wird und die Stromstärke ansteigt. Dass die letzte Lampe des Lichtseilsystems nur noch schwach leuchtet, könnte daran liegen, dass der Spannungsabfall entlang der Leitungen des Lichtseilsystems zu groß ist. Abhilfe schafft in diesem Fall ein zweiter Transformator.

Reihen- und Parallelschaltungen

1
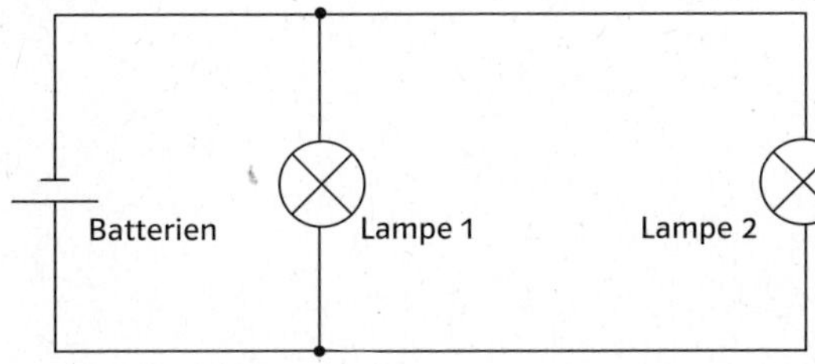

2 a) S2, S4 offen; S1, S3 geschlossen: Alle Lampen leuchten.
S1, S2, S4 offen; S3 geschlossen: Die Lampen A, D, E und F leuchten. Lampe A leuchtet heller als die anderen.
S1 offen; S2, S3, S4 geschlossen: Kurzschluss, die Sicherung spricht an.
b) Die Lampen B und C leuchten gleich hell, weil sie in Reihe geschaltet sind.
c) Damit nur Lampe A leuchtet, müssen S3 und S4 geschlossen, S1 und S2 müssen offen sein.

Schalter in Reihen- und Parallelschaltungen

1 a) Reihenschaltung: Der Schalter kann an jeder beliebigen Stelle des Stromkreises eingebaut werden. Parallelschaltung: Der Schalter muss sich in der gemeinsamen Zuleitung zu den einzelnen Teilstromkreisen befinden.

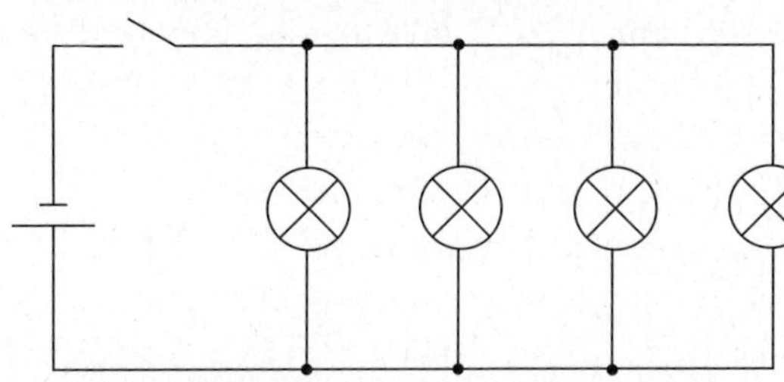

b) Reihenschaltung: Es ist nicht möglich, jedes Lämpchen einzeln an- oder auszuschalten.
Parallelschaltung: Es muss in jeden der Teilstromkreise ein Schalter eingebaut werden (siehe Markierungen).

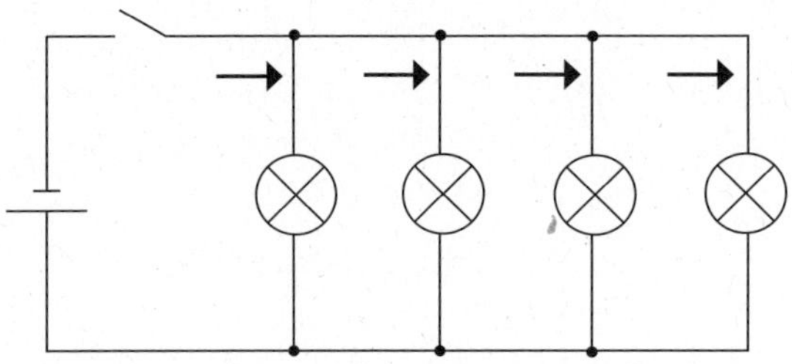

2 a) Die erste Bedingung wird von allen drei Schaltungen erfüllt, die zweite Bedingung erfüllt jedoch nur die Schaltung 3.

b)

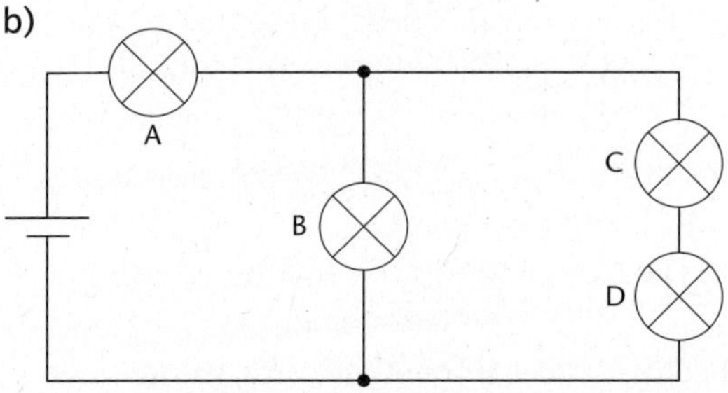

Reihen- und Parallelschaltung von Spannungsquellen

1

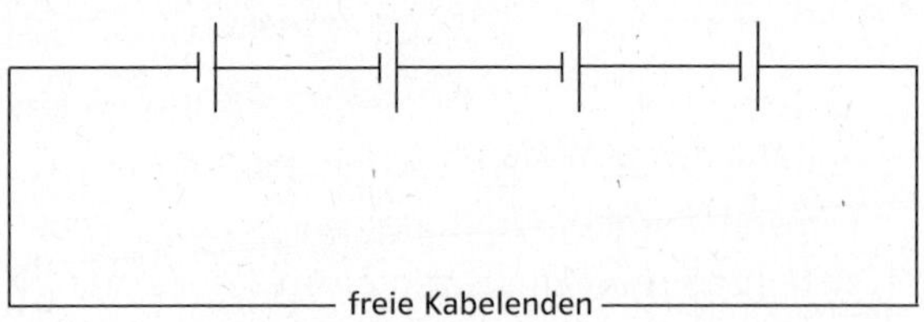

2

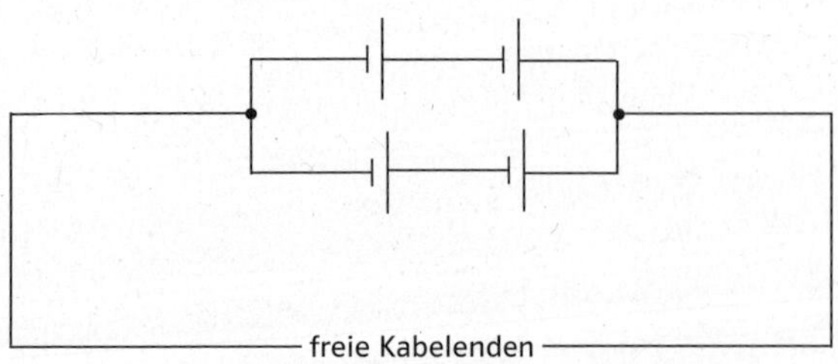

3 In Aufgabe 1 sind die Batterien in Reihe geschaltet, sodass sich die Spannungen der einzelnen Quellen addieren. Dabei ist darauf zu achten, dass jeweils der Pluspol der einen Batterie mit dem Minuspol der nächsten Batterie verbunden ist. Würde man zwei Batterien gegensinnig miteinander verbinden, könnte an ihnen insgesamt keine Spannung mehr abgegriffen werden.

In Aufgabe 2 handelt es sich um eine Parallelschaltung, wobei jeder Zweig aus einer Reihenschaltung zweier Batterien besteht, deren Spannungen sich zu 2,4 V addieren. Da die beiden 2,4-V-Quellen parallel geschaltet sind, misst man diese Spannung auch zwischen den Kabelenden. An Quelle 1 kann ein elektrisches Gerät mit einer Betriebsspannung von 4,8 V betrieben werden. Quelle 2 kann zwar nur ein elektrisches Gerät mit einer Betriebsspannung von 2,4 Volt versorgen, dafür ist die Betriebsdauer aber doppelt so lange.

Spannung und Strom bei Reihen- und Parallelschaltung

1 a) Dem Aufgabentext kann man entnehmen, dass es sich um eine Reihenschaltung von Lämpchen handelt – nur dann fallen alle Lämpchen aus, wenn eines defekt ist und herausgedreht wird. Da die Lichterkette an die Steckdose angeschlossen wird, beträgt die Betriebsspannung 230 V. Enthält die Lichterkette nur bauartgleiche Lämpchen, verteilt sich die Gesamtspannung auf alle Lämpchen: Bei einer Lichterkette mit 10 Lämpchen beträgt der Spannungsabfall pro Lämpchen ca. 23 V, bei 35 Lämpchen ca. 6,6 V und bei 50 Lämpchen ca. 4,6 V.

b) Die Summe aller Teilspannungen ergibt die Ausgangsspannung. Die Teilspannung könnte für ein unpassendes Lämpchen zu groß sein.

2 Da bei Mehrfachsteckdosen alle Verbraucher parallel geschaltet sind, addieren sich die einzelnen Stromstärken in der Zuleitung zu einer Gesamtstromstärke. Diese kann bei der Zulei-

tung der Mehrfachsteckdose mit kleinem Kabelquerschnitt wegen der großen Stromstärke zu einem Kabelbrand führen.

Berechnungen in Reihen- und Parallelschaltungen

1 a) Zwischen den Punkten A und C herrscht eine Spannung von 8 Volt.
b) Zwischen den Punkten A und B herrscht eine Spannung von 2 Volt.

2 An einem Leitungsknoten ist die Summe aller zum Knoten fließenden Ströme gleich groß wie die Summe aller vom Knoten wegfließenden Ströme.
b) Nach der Knotenregel gilt:
$I_1 = I_2 + I_3$
und $I_6 = I_4 + I_5 = I_2 + I_3$
also $I_1 = I_6 = 5\,A$
Damit ist
$I_3 = I_1 - I_2$
$I_3 = 5\,A - 3\,A$
$I_3 = 2\,A$
Da in jedem Zweig der Parallelschaltung die Stromstärke in allen Punkten der Leitung gleich ist, folgt:
$I_4 = I_2 = 3\,A$
$I_5 = I_3 = 2\,A$

Elektrischer Widerstand

1 a)

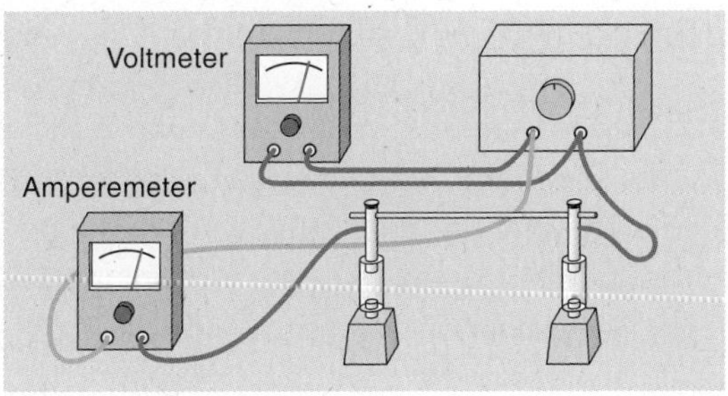

b) Spannung und Stromstärke sind zueinander proportional. Im *U*-*I*-Diagramm erkennt man diese Proportionalität daran, dass die Messwerte eine Gerade ergeben.
c) Die Messwerte dürfen miteinander verbunden werden, weil die Stromstärke proportional zur anliegenden Spannung ist und dieser Zusammenhang auch für Spannungswerte gilt, die zwischen den Messpunkten liegen.
d) Der Widerstand des Konstantandrahts ist konstant. Er beträgt $6\,\Omega$.
e) Bei einer Spannung $U = 4\,V$ fließt ein Strom von $I = 0{,}7\,A$.

Widerstände und Kennlinien

1 I Der Widerstand des Leiters wird mit zunehmender Spannung immer kleiner.

II Der Widerstand des Leiters bleibt mit zunehmender Spannung immer gleich. Für den Leiter gilt das Ohm'sche Gesetz.

III Der Widerstand des Leiters wird mit zunehmender Spannung immer größer.

2 a)

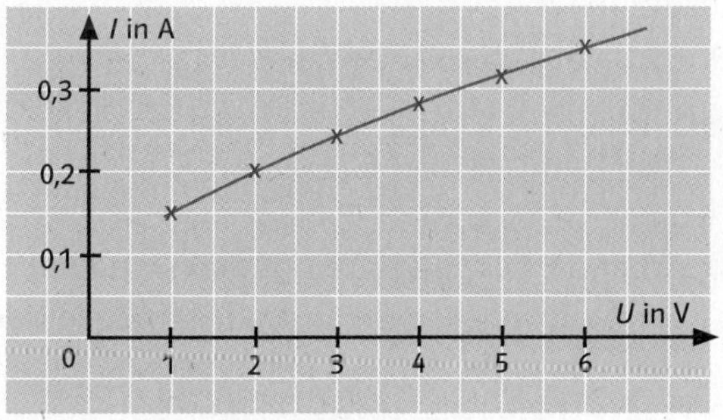

b) Bei $U = 4{,}5\,V$ ist $I = 0{,}3\,A$
c) Bei $I = 0{,}18\,A$ ist $U = 1{,}5\,V$

d) Mit zunehmender Spannung wird der Widerstand des Leiters immer größer. Es handelt sich nicht um einen Ohm'schen Widerstand.

Spezifischer Widerstand

1 a) Berechnung des elektrischen Widerstandswerts des Leiterstücks:

$$R = \frac{U}{I}$$

$$R = \frac{2\,\text{V}}{0{,}57\,\text{A}} = 3{,}51\,\Omega$$

Berechnung des spezifischen Widerstands:

$$\rho = \frac{R \cdot A}{L}$$

$$\rho = \frac{3{,}51\,\Omega \cdot 0{,}01\,\text{mm}^2}{2\,\text{m}} = 1{,}75\,\Omega \cdot 0{,}01\,\text{mm}^2/\text{m}$$

Bei dem Leiter handelt es sich um Kupferdraht.

b) Berechnung des spezifischen Widerstands:

$$\rho = \frac{R \cdot A}{L}$$

$$\rho = \frac{30\,\Omega \cdot 0{,}15\,\text{mm}^2}{53\,\text{m}}$$

$$\rho = 8{,}5\,\Omega \cdot \text{mm}^2/\text{m} = 0{,}085\,\Omega \cdot 0{,}01\,\text{mm}^2/\text{m}$$

Der Leiter besteht aus Nickel.

2 Über die Länge des Leiters kann man nur eine Aussage machen, wenn man vorher die Querschnittsfläche festlegt und umgekehrt, z. B. $L = 0{,}6\,\text{m}$ bei $A = 0{,}01\,\text{mm}^2$ und $L = 1{,}2\,\text{m}$ bei $A = 0{,}02\,\text{mm}^2$. Der Zusammenhang zwischen L und A kann auch durch ein Diagramm dargestellt werden. Da die beiden Größen nach $L = R \cdot A/\rho$ proportional zueinander sind, ergibt sich eine Gerade.

Wirkungen des elektrischen Stroms I

1 Im Steuerkreis des Relais befindet sich ein Elektromagnet. Fließt im Steuerkreis ein Strom, entsteht am Elektromagnet ein Magnetfeld, er zieht die Blattfeder aus Eisen an. Über den Kontakt K wird der Laststromkreis geschlossen und die Lampe leuchtet. Wird Schalter S geöffnet, verschwindet das Magnetfeld, die Blattfeder wird nicht länger angezogen und der Laststromkreis ist unterbrochen. Die Lampe erlischt.

2 Erklärung: Taucht man einen Kupferdraht und einen Eisennagel in eine leitende Lösung, liegt – wie bei der Apfelbatterie – zwischen den beiden freien Enden eine Spannung an. Da im Versuch die freien Enden des Eisennagels und des Kupferdrahts leitend verbunden sind, kann ein Strom fließen. Dieser Strom erzeugt in der Kupferspule ein magnetisches Feld, das dafür sorgt, dass sich die Spule samt Brettchen im Erdmagnetfeld ausrichtet. Der Versuchsaufbau stellt also einen schwimmenden Kompass dar.

Dieser Versuch wird jedoch nur unter idealen Bedingungen funktionieren: Die in die Lösung tauchenden Metallstücke müssen groß und blank poliert sein, damit ein ausreichend großer Strom fließen kann. Die Spule muss sehr lang sein, d. h. sehr viele Windungen besitzen, um ein ausreichend großes Magnetfeld zu erzeugen. Schließlich behindert die Oberflächenspannung des Wassers die Ausrichtung des Kompasses.

Wirkungen des elektrischen Stroms II

1 a) Jedes Metallatom hat ein Elektron abgegeben, die Elektronen bewegen sich frei im Draht, bei anliegender Spannung werden die beweglichen Elektronen Richtung Pluspol getrieben
b) Der elektrische Widerstandswert R gibt an,

wie stark ein Leiter oder ein Bauteil den elektrischen Strom behindert.
c) Durch die Stöße der Elektronen beginnen die Atomrümpfe zu schwingen. Zum einen werden die Elektronen dadurch stärker behindert, weil die Häufigkeit der Zusammenstöße zunimmt und der Elektronenstrom wird abgebremst. Pro Sekunde bewegen sich dann weniger Elektronen an einer Messstelle vorbei, die elektrische Stromstärke nimmt ab. Zum anderen macht sich die stärkere Schwingung der Atomrümpfe nach außen hin durch eine Erwärmung des Leiters bemerkbar. Man spricht hierbei von der Wärmewirkung des elektrischen Stroms. Ist die Stromstärke groß genug, erwärmt sich der Draht bis zum Glühen, er gibt dann nicht mehr nur Wärme, sondern auch Licht ab. Nach diesem Prinzip funktioniert die Glühlampe.

Elektrostatik

1 a) Phänomene mit derselben Ursache können auftreten, wenn man sich die Haare kämmt, wenn man über einen Synthetikteppich geht und anschließend ein Metallgeländer berührt, eine Plastikfolie von einer Unterlage abzieht etc.

2 a) Die Glimmlampe blitzt an mehreren Stellen des geladenen Stabes auf. Dies ist möglich, da Kunststoff die Ladungen nicht leitet.
b) Die Glimmlampe blitzt nur einmal, dafür in der Regel heller als beim Kunststoffstab auf. Weil Metall elektrisch leitet, fließen die Ladungen auf einmal ab.

3 Der Test mit der Glimmlampe ergibt, dass die Metallkugeln unterschiedlich geladen sind.

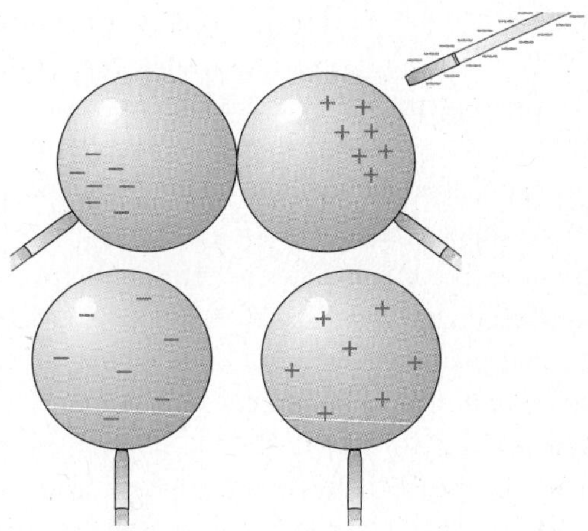

Bewegte Ladung

1 a)

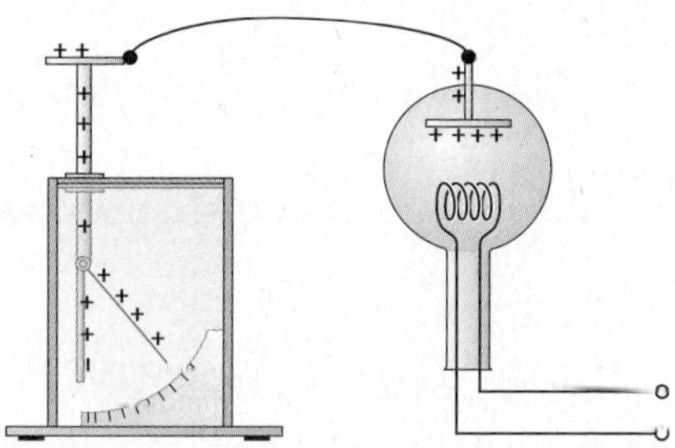

b) Wenn man den Glühdraht erhitzt, geht der Zeigerausschlag am Elektroskop zurück, das Elektroskop entlädt sich. Der Glühdraht emittiert Elektronen, die sich im Glaskolben zur positiv geladenen Metallplatte bewegen. Die negative Ladung kann sich über die Metallplatte und das Elektroskop verteilen und somit die positive Ladung ausgleichen, bis die gesamte Anordnung schließlich nach außen hin ungeladen ist. Der Zeigerausschlag ist dann vollständig zurückgegangen.
c) Wird das Elektroskop negativ aufgeladen und dann mit der Metallplatte verbunden, ist nach dem Erhitzen des Glühdrahts keine Entladung am Elektroskop zu beobachten. Da der Glühdraht nur Elektronen, nicht aber positive Ladungen emittiert, kann die negative Ladung auf der Metallplatte und dem Elektroskop nicht neutralisiert werden.

Kompetenzerwerb, Anforderungsbereiche und Bildungsstandards nach KMK

Zum Thema Kompetenzerwerb wird im Folgenden aus den „Bildungsstandards im Fach Physik für den Mittleren Schulabschluss. Beschluss der Kultusministerkonferenz vom 16.12.2004" zitiert:
„Mit dem Erwerb des Mittleren Schulabschlusses verfügen die Schülerinnen und Schüler über naturwissenschaftliche Kompetenzen im Allgemeinen sowie physikalische Kompetenzen im Besonderen. Die in vier Kompetenzbereichen festgelegten Standards beschreiben die notwendige physikalische Grundbildung. Die im Kompetenzbereich Fachwissen vorgenommene vertikale Vernetzung durch die übergeordneten vier Basiskonzepte Materie, Wechselwirkung, System und Energie soll den Schülerinnen und Schülern kumulatives Lernen erleichtern. Zugleich wird auf Basis des Fachwissens der Kompetenzerwerb in den Bereichen Erkenntnisgewinnung, Kommunikation und Bewerten ermöglicht und das Fachwissen in gesellschaftlichen und alltagsrelevanten Kontexten angewandt. Darüber hinaus bieten die Kompetenzen Anknüpfungspunkte für fachübergreifendes und fächerverbindendes Arbeiten.
Im Folgenden werden für die vier Kompetenzbereiche Regelstandards formuliert, die von Schülerinnen und Schülern mit Erreichen des Mittleren Schulabschlusses zu erwerben sind (siehe folgende Seiten)....
Dabei gilt, dass die Anforderungsbereiche nicht Ausprägungen oder Niveaustufen einer Kompetenz sind. Es handelt sich vielmehr um Merkmale von Aufgaben, die verschiedene Schwierigkeitsgrade innerhalb ein und derselben Kompetenz abbilden können."

Kompetenzzuordnung und Anforderungsbereiche in Kompetenztest Physik 1

Die Tabelle auf Seite 29 gibt Hilfestellungen zum Einordnen von Aufgaben oder Unterrichtsmaterialien in die vier Kompetenzbereiche. Die Beschreibung der Anforderungsbereiche orientiert sich an den bekannten drei Bereichen der Einheitlichen Prüfungsanforderungen (EPA) in der Abiturprüfung.

Die zu erwartenden Lösungen der Aufgaben aus den Kapiteln des Übungsheftes sind in den Tabellen ab Seite 33 gemäß den „Standards für die Kompetenzbereiche des Faches Physik" von Seite 30 sowie den Anforderungsbereichen von Seite 29 zugeordnet. Mit der Gesamtzahl der Aufgabenstellungen sind die Kompetenzbereiche der Bildungsstandards für die Klassenstufen 7 und 8 im Kompetenztest Physik 1 abgedeckt. Die komplexen Aufgabenstellungen decken – entsprechend den Beispielaufgaben in den Bildungsstandards – mehrere Kompetenzbereiche und zum Teil unterschiedliche Anforderungsniveaus ab.

Auf Seite 31 und 32 sind die Kompetenzen und Inhalte für Physik im Gymnasium der Klasse 8 in Baden-Württemberg aufgeführt. Den Tabellen kann in der Spalte „Kompetenzen nach Bildungsplan BW" eine Zuordnung der Kompetenzen zu den entsprechenden Aufgaben und Teilaufgaben des Übungsheftes entnommen werden.

Kompetenzbereich		Anforderungsbereiche I	Anforderungsbereiche II	Anforderungsbereiche III
	Fachwissen	*Wissen wiedergeben* Fakten und einfache physikalische Sachverhalte reproduzieren.	*Wissen anwenden* Physikalisches Wissen in einfachen Kontexten anwenden, einfache Sachverhalte identifizieren und nutzen, Analogien benennen.	*Wissen transferieren und verknüpfen* Wissen auf teilweise unbekannte Kontexte anwenden, geeignete Sachverhalte auswählen.
	Erkenntinis-gewinnung	*Fachmethoden beschreiben* Physikalische Arbeitsweisen, insb. experimentelle, nachvollziehen bzw. beschreiben.	*Fachmethoden nutzen* Strategien zur Lösung von Aufgaben nutzen, einfache Experimente planen und durchführen, Wissen nach Anleitung erschließen.	*Fachmethoden problembezogen auswählen und anwenden* Unterschiedliche Fachmethoden, auch einfaches Experimentieren und Mathematisieren, kombiniert und zielgerichtet auswählen und einsetzen, Wissen selbstständig erwerben.
	Kommunikation	*Mit vorgegebenen Darstellungsformen arbeiten* Einfache Sachverhalte in Wort und Schrift oder einer anderen vorgegebenen Form unter Anleitung darstellen, sachbezogene Fragen stellen.	*Geeignete Darstellungsformen nutzen* Sachverhalte fachsprachlich und strukturiert darstellen, auf Beiträge anderer sachgerecht eingehen, Aussagen sachlich begründen.	*Darstellungsformen selbstständig auswählen und nutzen* Darstellungsformen sach- und adressatengerecht auswählen, anwenden und reflektieren, auf angemessenem Niveau begrenzte Themen diskutieren.
	Bewertung	*Vorgegebene Bewertungen nachvollziehen* Auswirkungen physikalischer Erkenntnisse benennen, einfache, auch technische Kontexte aus physikalischer Sicht erläutern.	*Vorgegebene Bewertungen beurteilen und kommentieren* Den Aspektcharakter physikalischer Betrachtungen aufzeigen, zwischen physikalischen und anderen Komponenten Bewertung unterscheiden.	*Eigene Bewertungen vornehmen* Die Bedeutung physikalischer Kenntnisse beurteilen, physikalische Erkenntnisse als Basis für die Bewertung eines Sachverhalts nutzen, Phänomene in einen physikalischen Kontext einordnen.

Aus: Bildungsstandards im Fach Physik für den Mittleren Schulabschluss — Beschluss vom 16.12.2004

Bildungsstandards im Fach Physik für den Mittleren Schulabschluss

Fachwissen	Erkenntnisgewinnung	Kommunikation	Bewertung
Physikalische Phänomene, Begriffe, Prinzipien, Fakten, Gesetzmäßigkeiten kennen und Basiskonzepten zuordnen	**Experimentelle und andere Untersuchungsmethoden sowie Modelle nutzen**	**Informationen sach- und fachbezogen erschließen und austauschen**	**Physikalische Sachverhalte in verschiedenen Kontexten erkennen und bewerten**
Die Schülerinnen und Schüler . . .	**Die Schülerinnen und Schüler . . .**	**Die Schülerinnen und Schüler . . .**	**Die Schülerinnen und Schüler . . .**
F 1 verfügen über ein strukturiertes Basiswissen auf der Grundlage der Basiskonzepte,	**E 1** beschreiben Phänomene und führen sie auf bekannte physikalische Zusammenhänge zurück,	**K 1** tauschen sich über physikalische Erkenntnisse und deren Anwendungen unter angemessener Verwendung der Fachsprache und fachtypischer Darstellungen aus,	**B 1** zeigen an einfachen Beispielen die Chancen und Grenzen physikalischer Sichtweisen bei inner- und außerfachlichen Kontexten auf,
F 2 geben ihre Kenntnisse über physikalische Grundprinzipien, Größenordnungen, Messvorschriften, Naturkonstanten sowie einfache physikalische Gesetze wieder,	**E 2** wählen Daten und Informationen aus verschiedenen Quellen zur Bearbeitung von Aufgaben und Problemen aus, prüfen sie auf Relevanz und ordnen sie,	**K 2** unterscheiden zwischen alltagssprachlicher und fachsprachlicher Beschreibung von Phänomenen,	**B 2** vergleichen und bewerten alternative technische Lösungen auch unter Berücksichtung physikalischer, ökonomischer, sozialer und ökologischer Aspekte,
F 3 nutzen diese Kenntnisse zur Lösung von Aufgaben und Problemen,	**E 3** verwenden Analogien und Modellvorstellungen zur Wissensgenerierung,	**K 3** recherchieren in unterschiedlichen Quellen,	**B 3** nutzen physikalisches Wissen zum Bewerten von Risiken und Sicherheitsmaßnahmen bei Experimenten, im Alltag und bei modernen Technologien,
F 4 wenden diese Kenntnisse in verschiedenen Kontexten an,	**E 4** wenden einfache Formen der Mathematisierung an,	**K 4** beschreiben den Aufbau einfacher technischer Geräte und deren Wirkungsweise,	**B 4** benennen Auswirkungen physikalischer Erkenntnisse in historischen und gesellschaftlichen Zusammenhängen.
F 5 ziehen Analogien zum Lösen von Aufgaben und Problemen heran.	**E 5** nehmen einfache Idealisierungen vor,	**K 5** dokumentieren die Ergebnisse ihrer Arbeit,	
	E 6 stellen an einfachen Beispielen Hypothesen auf,	**K 6** präsentieren die Ergebnisse ihrer Arbeit adressatengerecht,	
	E 7 führen einfache Experimente nach Anleitung durch und werten sie aus,	**K 7** diskutieren Arbeitsergebnisse und Sachverhalte unter physikalischen Gesichtspunkten.	
	E 8 planen einfache Experimente, führen sie durch und dokumentieren die Ergebnisse,		
	E 9 werten gewonnene Daten aus, ggf. auch durch einfache Mathematisierungen,		
	E 10 beurteilen die Gültigkeit empirischer Ergebnisse und deren Verallgemeinerung.		

Aus: Bildungsstandards im Fach Physik für den Mittleren Schulabschluss — Beschluss vom 16.12.2004

Grundlegende physikalische Prinzipien

Die Schülerinnen und Schüler können folgende grundlegenden Prinzipien zur Analyse und Erklärung der beobachteten physikalischen Phänomene anwenden.

Sie sind Grundlage zum Verständnis der in den Basiskonzepten genannten Sachverhalte:

- **Materie**
  Beispiele:
  – Körper können verschiedene Aggregatzustände annehmen. Diese können sich durch äußere Einwirkungen ändern. (Form und Volumen von Körpern)
  – Körper bestehen aus Teilchen. (Teilchenmodell)

- **Wechselwirkung**
  Beispiele:
  – Wenn Körper aufeinander einwirken, kann eine Verformung oder eine Änderung des Bewegungszustands auftreten. (Kraftwirkungen, Impuls)
  – Körper können durch Felder aufeinander einwirken. (Schwerkraft, Kräfte zwischen Magneten)
  – Strahlung kann mit Materie wechselwirken (Reflexion, Brechung, Farben)

- **System**
  Beispiele:
  – Stabile Zustände sind Systeme im Gleichgewicht. (Druckgleichgewicht, Kräftegleichgewicht)
  – Gestörte Gleichgewichte können Ströme hervorrufen. (Druck-, Temperatur- bzw. Potenzialunterschiede und die verursachten Strömungen)
  – Ströme benötigen einen Antrieb (Ursache) und können durch Widerstände in ihrer Stärke beeinflusst werden. (Elektrischer Stromkreis)

- **Energie**
  Beispiele:
  – Nutzbare Energie kann aus erschöpfbaren und regenerativen Quellen gewonnen werden. (Fossile Brennstoffe, Wind- und Sonnenenergie, Kernenergie)
  – Für den Transport und bei der Nutzung von Energie kann ein Wechsel der Energieform bzw. des Energieträgers stattfinden. Dabei kann nur ein Teil der eingesetzten Energie erhalten werden. (Generator, Elektromotor, Energieentwertung)
  – Energieerhaltungssatz
  – Bei Körpern unterschiedlicher Temperatur findet ein Energiefluss von alleine nur von höherer zu niedrigerer Temperatur statt.

Kompetenzen

Die Schülerinnen und Schüler können

1 an einfachen Beispielen die physikalische Beschreibungsweise anwenden.

2 können die naturwissenschaftliche Arbeitsweise (Hypothese, Vorhersage, Überprüfung im Experiment, Bewertung) in einfachen Beispielen anwenden.

3 bei einfachen Beispielen den funktionalen Zusammenhang zwischen physikalischen Größen, erkennen, grafisch darstellen, Diagramme interpretieren. Sie können diese, wenn sie durch eine Formel vorgegeben sind, verbal beschreiben und interpretieren und einfache nicht behandelte Formeln zur Lösung von physikalischen Problemen anwenden.

4 einfache Zusammenhänge zwischen physikalischen Größen untersuchen (erste Experimente unter Anleitung planen) und an ersten Beispie-

len Strukturen erkennen und Analogien hilfreich einsetzen.

5 bei einfachen Problemstellungen Fragen erkennen, die sie mit Methoden der Physik bearbeiten und lösen. Sie können erste physikalische Grundkenntnisse und Methoden für Fragen des Alltags sinnvoll einsetzen. Sie kennen charakteristische Werte der behandelten physikalischen Größen und können sie für sinnvolle Abschätzungen anwenden.

6 erste einfache Beispiele benennen, dass physikalische Begriffe nicht statisch sind, sondern sich zum Teil aus alltäglichen Begriffen entwickelt haben.

7 den Zusammenhang und Unterschied zwischen Wahrnehmung/Sinnesempfindung und ihrer Beschreibung bei folgenden Themenstellungen darstellen.
Inhalte:
Lautstärke, Tonhöhe, Hören – Amplitude, Frequenz
Schwere – Schwerkraft
Helligkeit, Schatten, Farben, Sehen – Streuung, Reflexion, Brechung
warm, kalt, Wärmeempfindung – Temperatur

8 mit grundlegenden physikalischen Größen umgehen.
Inhalte:
Zeit, Masse, Massendichte, Temperatur, Druck
Energie
elektrische Stromstärke, elektrisches Potenzial, elektrische Spannung, qualitativ: elektrische Ladung
Kraft, Geschwindigkeit, qualitativ: Impuls

9 Strukturen und Analogien erkennen:
Inhalte:
Schall und Licht
qualitativ: Energiespeicher, Beschreibung von mechanischen und elektrischen Energietransporten
qualitativ: Strom, Antrieb (Ursache), Widerstand

10 elementare Erscheinungen in der Natur und wichtige Geräte funktional beschreiben, sowie physikalische Modelle auch in ihrem Alltag gewinnbringend einsetzen.
Inhalte:
Erde: atmosphärische Erscheinungen, Erdmagnetfeld
Mensch: physikalische Abläufe im menschlichen Körper, medizinische Geräte, Sicherheitsaspekte
Alltagsgeräte (zum Beispiel Elektromotor)
Energieversorgung: Kraftwerke und ihre Komponenten (zum Beispiel Generator) – auch regenerative Energieversorgung (zum Beispiel Solarzelle, Brennstoffzelle)

Aus: Bildungsplan 2004 – Allgemeinbildendes Gymnasium S. 182f und Bildungsstandards im Fach Physik für den mittleren Schulabschluss (Beschluss vom 16.12.2004) – Beschlüsse der KMK

Thematische Schwerpunkte des Aufgabenbereichs Akustik sind die Kompetenzbereiche F2, E1, E8 und K1. In einigen Aufgaben in diesem Kapitel wird die Beschreibung oder Auswertung von Experimenten gefordert, so dass diese Thematik hier besonders eingeübt werden kann.

Die Aufgabenstellungen erstrecken sich über alle drei Anforderungsbereiche.

Das Thema eignet sich gut, um das Basiskonzept „Materie" und hier besonders das Teilchenmodell zu erläutern.

Seite	Seitentitel	Aufgabe	AFB	Kompetenzbereich nach KMK				Kompetenzen nach Bildungsplan BW
				F	E	K	B	
8	Schallschwingungen	1	AII		E8	K1		1, 2, 10
		2	AIII	F4	E5			3
9	Schallausbreitung	1	AII	F2	E1	K1		1, 5, 8, 10
		2a	AII	F3	E8	K1		1, 2, 10
		2b	AIII	F4	E3, E5			1, 9
10	Schallgeschwindigkeit	1	AII	F2	E8, E9	K1		1, 2, 4, 10
		2a	AI		E1			1
		2b	AII	F3	E4			3, 5, 8
		2c	AII	F2		K1		9
11	Schallphänomene	1	AII	F2	E1			1, 2
		2	AIII	F4	E3			6, 9

Thematische Schwerpunkte des Aufgabenbereichs Optik sind die Kompetenzbereiche F2, F3, F4, E1, E9 und K5.
In vielen Aufgaben müssen sich die Schülerinnen und Schüler mit Experimenten beschäftigen oder selbst Beispiel-Experimente beschreiben. Außerdem hat dieses Kapitel einen sehr starken Alltagsbezug. Darüber hinaus müssen Schüler mit Hilfe von verschiedenen Arten der Mathematisierung Probleme bearbeiten.

Die Aufgabenstellungen erstrecken sich hauptsächlich auf die Anforderungsbereiche AI und AII.

Das Basiskonzept „Wechselwirkung" hat hier eine besondere Bedeutung.

Seite	Seitentitel	Aufgabe	AFB	Kompetenzbereich nach KMK				Kompetenzen nach Bildungsplan BW
				F	E	K	B	
12	Eigenschaften des Lichts	1	AI	F3		K1		5, 7
		2	AII	F3				5
		3	AII		E8			2, 5
13	Lichtausbreitung	1	AII		E1			2
		2	AI	F2				1, 4
		3	AII	F4	E1	K1		1
14	Licht und Schatten	1	AI	F3				1, 5
		2	AII	F2	E5	K1		1
		3	AII	F3	E3, E5	K2		1, 5, 10
15	Körper im Licht	1	AII	F3	E1			1, 5
		2	AII	F4	E1			1, 2, 5
16	Reflexion des Lichts	1	AI	F2				1
		2	AII	F3		K4		4, 5, 10
		3	AII		E9			2, 3, 4
17	Spiegelbilder	1	AII	F3				5
		2	AII	F3	E4			3, 5
		3	AII	F3				5
18	Licht an Grenzflächen	1	AII	F4	E6			1, 2
		2a	AII	F3	E1			3, 4
		2b	AIII	F5	E1	K4		3, 5, 9, 10
19	Untersuchung der Lichtbrechung	1a	AII	F3	E9			2, 3, 4
		1b	AI	F2	E3	K7		3, 4, 9

Seite	Seitentitel	Aufgabe	AFB	Kompetenzbereich nach KMK				Kompetenzen nach Bildungsplan BW
				F	E	K	B	
20	Totalreflexion	1	AII	F3	E1			1, 3, 10
		2	AII		E1	K5		3, 4, 10
		3	AI	F2	E9			1, 3
21	Erzeugung von farbigem Licht	1	AI	F2		K5		1
		2	AI	F2		K5		1, 2
		3	AII	F4	E1			1, 5, 10
22	Farben mischen und filtern	1	AI	F3	E7			1, 5
		2	AII	F3		K5		–
		3	AII	F4	E1			–
23	Optische Linsen	1	AII	F3	E8	K5		1, 2, 4
		2	AI	F2				4, 5
		3	AII	F3				1, 4, 5
24	Eigenschaften von Sammellinsen	1a	AI	F2				1
		1b	AII	F4	E1			1, 4, 5
		2	AII	F4				1, 4
		3	AII	F3		K4		1, 3, 4, 5
25	Abbildungen mit Sammellinsen	1	AII	F2, F3	E1	K5		1, 2, 5
		2a	AI		E4	K5		3
		2b	AII	F3	E9	K5		–
		2c	AII	F3	E9	K5		3, 5
26	Bilder durch Linsen	1	AI	F2				1, 4
		2	AII	F3	E1			1, 3, 5
		3a	AI	F2				1, 4, 5
		3b	AII	F3		K4		4, 10
27	Korrektur von Sehfehlern	1	AI	F2				–
		2	AII	F3	E1			–
		3	AII	F4		K4		–

Thematische Schwerpunkte des Aufgabenbereichs Energie sind die Kompetenzbereiche F3 und F4. In diesem Kapitel müssen sehr häufig Kenntnisse aus verschiedenen Kontexten der Physik angewendet werden.

Die Aufgabenstellungen erstrecken sich über alle drei Anforderungsbereiche. Zu beachten ist, dass auf drei von vier Seiten die letzte Aufgabe aus dem Anforderungsbereich AIII stammt.

Das Basiskonzept „Energie" dominiert in diesem Kapitel.

Seite	Seitentitel	Aufgabe	AFB	Kompetenzbereich nach KMK				Kompetenzen nach Bildungsplan BW
				F	E	K	B	
28	Energieformen	1	AI	F2				1
		2	AII	F3	E5			5
		3	AIII				B2	5
29	Energieumwandlungen	1	AII	F3				1, 5
		2	AII	F3				1, 5
		3	AIII			K7		2, 4, 5, 10
30	Elektrische Energie	1	AII			K5		3
		2	AII	F3	E9			3, 5, 10
		3	AII	F4				5, 10
		4	AIII	F4	E3, E5	K4, K7		4, 5, 10
31	Mechanische Energie	1	AII	F4	E1			5, 10
		2	AII	F1	E8			2, 4
		3	AII	F3	E4			3, 5

Thematische Schwerpunkte des Aufgabenbereichs Mechanik sind die Kompetenzbereiche F3, F4, E4 und K7. In diesen Aufgabenstellungen werden immer wieder Mathematisierungen verlangt, aber ohne dass es sich dabei nur um (reine) Rechenaufgaben handelt. Die Ergebnisse müssen hierbei häufig unter physikalischen Gesichtspunkten interpretiert werden. Es wird hier besonders der Umgang mit den grundlegenden physikalischen Größen der Mechanik geübt.

Die Aufgabenstellungen erstrecken sich über alle drei Anforderungsbereiche.

Es finden hier vor allem die Basiskonzepte „Materie", „Wechselwirkung" und „System" Beachtung.

Seite	Seitentitel	Aufgabe	AFB	Kompetenzbereich nach KMK				Kompetenzen nach Bildungsplan BW
				F	E	K	B	
40	Bewegungsformen und Bewegungsarten	1	AI	F1		K2		1
		2	AII	F3		K2		1, 5
41	Durchschnittsgeschwindigkeit	1	AIII	F3	E4			3, 5, 8
42	Auswertung von Bewegungsdiagrammen	1	AII	F3	E4			–
43	Interpretation von Bewegungsabläufen	1	AIII	F3	E9			3, 5, 8
		2	AIII	F3	E4, E9	K7		3, 5, 8
44	Geschwindigkeiten	1a-d	AII	F3	E2, E4			3, 5, 8
45	Impuls	1	AII	F4	E1	K7		1, 5, 8
		2	AII	F4	E1, E4	K7		1, 3, 5, 8
46	Kräfte an Körpern	1a	AII	F2				1, 8
		2a	AII	F3	E1			1, 5, 8
		2b	AIII	F4	E10	K7		1, 8, 9
47	Wechselspiel der Kräfte	1a	AII	F2				1
		1b	AII	F4				1, 5
		1c	AII		E3	K7		5, 10
48	Federkräfte	1	AII	F3	E9			3, 4
		2	AIII	F4, F5	E1, E3	K7		4, 5, 10

Seite	Seitentitel	Aufgabe	AFB	Kompetenzbereich nach KMK				Kompetenzen nach Bildungsplan BW
				F	E	K	B	
49	Entwicklung eines Kraftmessers	1a	AI	F2		K1		1
		1b	AII	F2		K1		1, 4, 5, 10
		1c	AII	F4	E8	K4, K6		1, 2, 4
50	Hebel	1	AI	F2		K4		–
		2	AIII	F5	E5	K4		–
51	Kräftegleichgewichte	1	AIII	F4	E1	K2		–
		2	AIII	F4	E1	K2		–
52	Eintauchtiefe und Tragfähigkeit	1a	AII	F4	E4			–
		1b	AII	F4	E4			–
53	Druck	1	AII	F4		K2		1, 8
		2a-c	AIII	F4	E4	K4		8
54	Münzentest	1	AIII	F3	E8	K1		1, 2, 5, 8
55	Modellvorstellungen	1	AII	F3	E3	K7		5, 9
		2	AIII	F3	E3, E9	K7		5

Thematische Schwerpunkte des Aufgabenbereichs Elektrizität sind die Kompetenzbereiche F3, F4, E9 und K7. In diesem Kapitel kann an einigen Stellen die Modellbildung eingeübt werden. Außerdem wird häufig mit Schaltungen und Schaltzeichnungen gearbeitet. Auch der Wechsel zwischen Schaltungen und Schaltzeichnungen kann hier sehr gut geübt werden. Des Weiteren haben auch Mathematisierungen einen übergeordneten Stellenwert.

Die Aufgabenstellungen erstrecken sich über alle drei Anforderungsbereiche.

Das Basiskonzept „System" bildet hier den Schwerpunkt.

Seite	Seitentitel	Aufgabe	AFB	Kompetenzbereich nach KMK				Kompetenzen nach Bildungsplan BW
				F	E	K	B	
56	Elektrische Stromkreise und Schaltpläne	1	AI	F3				4
		2	AII	F5				4, 5
		3a	AII	F5				4, 5
		3b	AII	F2				–
57	Vorstellungen vom elektrischen Stromkreis	1	AIII	F5	E8			1, 2, 4, 5
58	Modelle für den elektrischen Stromkreis	1a	AII	F5				4, 9
		1b	AII	F3, F5	E5			4, 5, 9
		2	AIII	F3	E4	K7		4, 5, 8, 9
59	Strom- und Spannungsmessung	1	AI	F2				4
		2	AII	F3				4
		3	AIII	F3	E1	K4		–
60	Reihen- und Parallelschaltungen	1	AII	F3				4
		2a	AII	F3	E1			4, 5
		2a-c	AII	F3	E1			4, 5
61	Schalter in Reihen- und Parallelschaltungen	1a,b	AI	F3	E1			1, 4, 5, 10
		2a-c	AII	F3		K6, K7		1, 4, 5, 10
62	Reihen- und Parallelschaltung von Spannungsquellen	1	AI	F3				1, 4, 5
		2	AI	F3				1, 4, 5
		3	AII	F4		K7		1, 4, 5, 10
63	Spannung und Strom bei Reihen- und Parallelschaltung	1a	AII	F4		K1		1, 4, 5, 8
		1b	AII		E1	K1		5, 10
		1c	AII	F4	E1	K7		1, 4, 5, 10

Seite	Seitentitel	Aufgabe	AFB	Kompetenzbereich nach KMK				Kompetenzen nach Bildungsplan BW
				F	E	K	B	
64	Berechnungen in Reihen- und Parallelschaltungen	1	AI	F3				–
		2a	AI	F2				–
		2b	AI	F3	E4			–
65	Elektrischer Widerstand	1a	AI	F3		K4		1, 4, 10
		1b, c	AII	F4	E9	K7		3, 4, 5
		1d, e	AII	F3	E4			3, 4, 5, 8
66	Widerstände und Kennlinien	1	AII	F4, F5	E9			1, 3, 4, 5
		2a	AI			K5		3
		2b, c	AII	F3				3, 5, 8
		2d	AII	F4	E9	K2		3, 4, 5, 8
67	Spezifischer Widerstand	1a, b	AIII	F4	E4			–
		2	AIII	F5	E4			–
68	Wirkungen des elektrischen Stroms I	1	AIII	F3	E3	K4		–
		2	AIII	F4	E5, E9	K7		–
69	Wirkungen des elektrischen Stroms II	1a	AI	F1				–
		1b	AII	F2				–
		1c	AIII	F4	E1	K7		–
70	Elektrostatik	1	AII	F3	E1			1, 5
		2	AII	F3	E1			1, 2, 8
		3	AIII	F4	E6	K6		1, 2, 8
71	Bewegte Ladung	1a	AII	F3				–
		1b	AIII	F4	E3	K7		–
		1c	AIII	F4	E3	K7		–

Beilage zum Übungsheft Kompetenztest Physik 1
ISBN 978-3-12-114868-4

Internetadresse: www.klett.de

Illustrationen: Matthias Balonier, Lützelbach; Joachim Hormann, Stuttgart; Jörg Mair, München; Alfred Marzell, Schwäbisch Gmünd; Tom Menzel, Rohlsdorf; Gerhart Römer, Ihringen
Druck: Ludwig Auer GmbH, Donauwörth